日本藥妝美研購8

U0058790

日本藥粧研究家
鄭世彬 著

開買啦！

疫情後,
你·去過了幾趟日本呢?

　　隨著全球疫情趨緩,日本終於結束為期三年的防疫鎖國,從2022年10月起重新開放外國旅客進入日本旅遊。也許大家都一樣悶壞了,日本的海外觀光客人數回流速度高於預期,不到一年的時間就回復至疫情前的9成左右。

　　在眾多訪日觀光客當中,來自臺灣的旅客人數則是排行第二。身邊有不少朋友,在日本開放國境之後,就已經赴日旅遊多次,甚至有人就像是在逛自家花園一般,每1、2個月就飛一趟日本。

　　在日本尚未開放觀光客入境之前,東京的街道上幾乎不見講中文的觀光客。新宿、上野,還有大阪的心齋橋商圈裡頭,其實沒有太多的路人,甚至許多店家都已經拉下鐵門許久。那安靜到不真實的日本街頭,在這幾個月當中出現戲劇性的反轉。隨著大量的觀光客回流日本,日本各地再次湧來來自海外的人潮,持續塞爆每個觀光景點與購物商圈。有時候走在熱門商圈中,此起彼落的台式國語,都會令我有一種彷彿置身於臺灣的錯覺。

　　再看到關西機場排隊出入境的隊伍需要等待數小時、各地飯店房價翻了好幾倍、知名美食店家和藥妝店免稅櫃檯總是擠滿人潮、JR　PASS漲價後仍然劃位耗時且經常劃不到好位子、二木菓子和多慶屋裡瘋狂採購零食……相信你我，都是參與其中的一分子。

　　這一切，都恢復得措手不及，就像百年大投突然降臨一樣。雖然，擁擠和等待讓人感到厭煩，卻又令人莫名感到雀躍及安心。因為，疫情前的日常，終於又回來了。

藥粧研究家

 本書所標注的商品資訊皆為2024年1月採訪截稿前的最新資訊。價格是根據編輯部調查得來的含稅價格，但因實際店鋪的活動或特價可能會有所不同，也可能受到物價調整等因素影響。因此，建議以店鋪實際販售價格為準。書中的商品資訊有可能因為改版或其他原因而有所差異，請以日本實際銷售商品為準。如果刊登內容與官方資訊有所不同，請以官方資訊為準。

目次
CONTENTS

CHAPTER **1**

日本藥妝
趨勢頭條2024

KATE TOKYO

問市兩年以上，依舊人氣爆棚！

兼具保濕與持色
無可匹敵的怪獸級持色唇膏

　　潤澤感持久，可長時間維持剛塗好的色澤，再加上不易脫妝的超強持妝力等優秀出色的表現，讓怪獸級持色唇膏在日本擄獲眾多美妝迷的心！

　　怪獸級持色唇膏不易脫色的祕密，來自於「將雙唇蒸發出的水分化為密著潤澤膜」的獨家技術！並且，領導彩妝流行趨勢的色號，更是所有美妝迷不容錯過的時尚重點。包括Web限定色在內共有14色，能搭配當天的心情恣意挑選，讓唇妝變成每天的樂趣之一！

**KATE
リップモンスター**

🏠 カネボウ化粧品

💴 1,540円

01 任性嬌紅

02 甜潤果紅

★為Web限定色

03 暖陽奶茶

04 南瓜烈酒

05 乾燥無花果

06 深夜邂逅

07 前棘玫瑰

08 藕色微雨★

09 緋紅水晶球★

10 微醺好奇心★

11 清晨微光★

12 誓言紅寶石

13 3:00AM 微醺裸玫

14 憧憬日光浴

 『※唇妝照片皆為示意圖』

自由混搭怪獸級持色唇膏
打造出專屬自己的
MIX MONSTER創意新色！

MIX #1 夢幻紅寶石南瓜

12 誓言紅寶石　　**04 南瓜烈酒**

混搭成果示意圖

帶有藍色調的深紅色「12 誓言紅寶石」與帶有柔和感黃色調的棕色「04 南瓜烈酒」一起疊擦之後，就會變成偏向紅色系的赤陶棕！可透過疊擦次數來調節顯色度，每個人都能調配出自己最喜歡的混搭比例！

MIX #2 微醺無花果

13 3：00AM 微醺裸玫　　**05 乾燥無花果**

混搭成果示意圖

帶有柔和感的煙燻粉「13 3:00AM微醺裸玫」，搭配有深度的紅棕色「05 乾燥無花果」，兩者疊擦之後，居然能調配出略帶神祕感的煙燻粉棕色！這種沉穩有深度的唇色，其實能讓膚色看起來更顯明亮。

MIX #3 任性日光浴

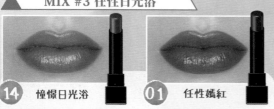

14 憧憬日光浴　　**01 任性嫣紅**

混搭成果示意圖

鮮嫩橘黃色的「14 憧憬日光浴」混搭鮮豔粉調紅的「01 任性嫣紅」之後，可以變化出宛如熟透杏桃般的時尚橘紅色！這種絕妙融合紅調與黃調的主流時尚色，絕對值得一試！

長效滋潤持色不脫妝！
輕盈柔和的怪獸級持色
絨霧唇釉推出秋季新色！

KATE
リップモンスター　スフレマット

🏠 カネボウ化粧品

¥ 1,650円

2023年10月開賣新色

M06　鮮掘紅十

略深的紅棕色，是今年備受注目的顏色！最人的特色是勾勒出清楚的雙唇輪廓就可展現出優雅氛圍；若用暈開的塗抹方式則可呈現出時尚氣場。挑戰各種不同的擦法，便能呈現出多樣的感覺！

M07　烤焦麵包的命運

宛如剛出爐的麵包般，充滿時尚感的拿鐵棕色系！無論是精心打造的完美全妝，還是不帶任何彩妝的雙眼都很百搭，輕輕一抹就能呈現出時尚度爆表的唇色。

M08　喧鬧晚宴

前衛洗鍊的煙燻玫瑰色，其實是能襯托膚色的百搭色！非常推薦用輕點暈染的方式，自然地點出雙唇輪廓。這種柔和的霧面妝感，能夠呈現出色的脫俗氣質，也很適合使用在日常妝容！

原有色號

M01　闇夜深紅

M02　永生之櫻

M03　歡慶紙花

M04　魅影朱月

M05　泥霧

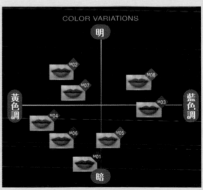

`※唇妝照片皆為示意圖』`

運用陰影感實現
自然大眼的人氣眼影
色影迷蹤眼影盒全系列

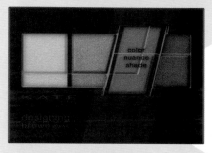

KATE
デザイニングブラウンアイズ

🏠 カネボウ化粧品

¥ 1,320円

運用色彩做出細微層次變化，讓雙眼顯大的超人氣眼影盒！巧妙搭配棕色與彩色陰影色，便能為棕色系眼妝增添玩心。原有的6款人氣色號，加上2023年秋季推出的2款新色，共有8個色號可以自由妝點出自己想要的眼妝。

2023新色

BR-11　榛果棕

帶有溫度感且能自然地與膚色融為一體的棕色。絕妙混合紅與黃兩種色調，相當適合搭配橘色系或棕色系的唇彩！

BR-12　亞麻灰棕

帶有灰霧感，視覺上相當洗鍊的棕色。降低黃調比例，能像影子般自然地與膚色融合，散發出優雅高貴的眼妝感！這種讓雙眼看起來更加自然深邃的單品，實在是令人愛不釋手。

原有色號

BR-1　暖調棕

能和諧地融合膚色，是容易上手的中性棕色。就算上班時使用也不會過於搶眼，可以輕鬆打造自然大眼。

BR-8　閃耀棕

帶有光芒感的耀眼棕色。雖然偏向華麗，卻不突兀，使用起來也相當好上手！可用來點綴平時的眼妝，讓視覺感更加時尚。

BR-6 煙燻粉棕

華麗且帶有深度的藕色系粉棕。能打造出可愛風格，也能營造成熟魅力，具備相當高的自由度。搭配莓果系或紅酒系這些帶有藍調的唇彩，能讓視覺更顯一體感！

BR-9 裸橙棕

將能夠與膚色完美融合的橘色調合得更濃、更深，藉此打造出自然大眼。相當推薦搭配棕色系的眼線或睫毛膏，營造出迷人的曖昧妝感！

BR-7 冷調棕

紅調比例較低，給人冷酷印象的個性棕。淡淡一擦，能讓眼妝更顯自然，疊擦之後卻能讓妝感變酷許多，可說是泛用性相當高的色號。

BR-10 裸粉棕

給人柔和及優雅印象的粉棕色。恰到好處的紅調比例，能讓妝感更顯柔美，相當推薦給剛嘗試粉色系眼影的人，用來打造纖細且具魅力的雙眼！

HOW TO

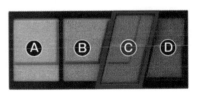

A：亮底色
明亮眼眸的基底色澤。

B：巾間色
融合肌膚的色澤。

C：點綴彩色陰影
可創造自然大眼的陰影色調。

D：深邃色
使眼眸立體的深邃色調。

陰影區

以 A → B → C → D 的順序使用。

①以指尖沾取 A，輕輕延展於上眼皮整體。
②以眼影棒粗端沾取 B，疊擦於眼窩與下眼皮。
③從上下眼皮的眼尾往外 1/3（陰影區）稍微拉寬範圍疊擦，可修飾眼睛寬度。
④以眼影棒細端沾取深色D，沿著眼際描繪線條。

 『※眼妝照片皆為示意圖』

打造立體漸層眉與自然鼻影
塑造深邃輪廓的視覺印象
3D造型眉彩餅

體積小且附鏡子，使用起來方便輕巧！

KATE
デザイニングアイブロウ3D

🏠 カネボウ化粧品

¥ 1,210円

KATE超長銷人氣單品！説到日本彩妝排行榜的殿堂級人氣單品，就絕對不能不提到KATE的3D造型眉彩餅。不只是色號選擇多、濃淡可自由調配的高服貼粉質，還有使用起來相當順手的雙頭眉刷，都是令人愛不釋手的特色！接下來，就讓日本藥粧研究室來為大家介紹這款用過就再也回不去的彩妝名品吧！

適用於眉尾

偏深的顏色能讓眉毛整體更有型！利用附屬眉刷，就能簡單打造出俐落的眉尾。

適用於眉中＆眉頭

每個色號都具有特色的中間色。根據當天的心情，隨興選擇不同的眉色。

適用於眉頭～鼻影

每個色號的顏色都能很好地與膚色融為一體，因此不管選擇哪個色號，皆可自然渲染出立體陰影感。

鼻影刷

能簡單沾取粉體的圓頭刷具，偏長的刷毛能讓妝感更顯輕柔，可説是渲染完美鼻影的祕密武器！

眉刷

刷毛帶有韌性且呈現斜切狀的刷具。前端較細窄，可以打造出完美的眉尾！

EX-4　亮棕系

適合搭配明亮髮色的輕柔棕眉彩。能與膚色協調，呈現出脫俗的自然眉感。

EX-5　棕色系

適合搭配黑色～深色髮的棕色眉彩。由於黃調比例較低，因此也很適合膚色調偏冷的人用來渲染鼻影！

EX-6　紅棕色系

略帶紅色的紅棕色，能為眼部增添健康的好氣色！想打造健康或有溫度感的妝容時，選擇它就對了。

EX-7　橄欖灰色系

適合搭配灰色系髮色，或是營造率性妝感的橄欖灰。能簡單呈現有精神的立體眉感。

EX-8　粉棕系

能打造柔和嫵媚妝感的粉棕色。也可同時作為眼影使用，如此一來可讓妝感更加時尚且具有整體性！

EX-9　紫棕系

略帶藍調的藕棕色，能巧妙營造出成熟性感的印象！搭配時下流行的紫色系髮色，更能散發出神祕氛圍。

EX-10　橘棕系

想提亮眼妝視覺，或是想化橘色系彩妝時的推薦色。髮色偏亮的人也很適合！

EX-11　粉杏系

想營造溫和妝感時，不妨選擇這款巧妙結合紅調與黃調的眉彩！只要稍微增添一點血色感，就能讓妝容更顯可愛。

▶ 3D造型眉彩餅　可自由搭配眉彩盒與筆刷以及10款補充芯！

※EX-9、EX10、EX-11：店面及網路皆有販售
（店面為數量限定）

デザイニングアイブロウ3D レフィル

デザイニングアイブロウ3D
（グリッター）レフィル

KATE
デザイニングアイブロウ3D
レフィル（補充芯）
（グリッター）レフィル
（補充芯亮片款）

🏠 カネボウ化粧品

¥ 各880円

KATE
デザイニングアイブロウ3D用
ケース（眉彩餅盒）

🏠 カネボウ化粧品

¥ 220円

KATE
デザイニングアイブロウ3D用
ブラシ I・II（造型眉彩刷）

🏠 カネボウ化粧品

¥ 各220円

KATE
デザイニングアイブロウ3D用
マルチケース（多功眉彩餅盒）

🏠 カネボウ化粧品

¥ 550円

挑選自己喜歡的色號與外盒，就能打造專屬自己的眉彩盒！補充芯還有加入亮粉的類型可以選擇！

※補充芯、眉彩餅盒、眉彩刷：部分店面及網路有販售。

旅する ルルルン

嚴選日本各地美肌素材 地區限定的 旅行伴手禮首選

隨著各國邊境解封，旅人們又能回到日本這片土地，恣意探索每個角落。在眾多伴手禮中，旅行LuLuLun面膜系列是許多美妝迷再也熟悉不過的經典伴手禮。

旅行LuLuLun面膜的最大特色，就是採用當地美肌素材，並搭配能夠重現當地風情的香味。由於只限於在當地入手，所以成為許多人分享旅行樂趣的美妝伴手禮，也有不少人在敷面膜的過程中，重溫旅行時的快樂回憶。

東京 Tokyo

繁華的日本首都東京，是許多人訪日旅遊的第一站。旅行LuLuLun系列以老江戶風情作為主題，帶領旅人們返回200年前的江戶時代，體驗那些誕生自古人保養與釀造技術的傳統美肌成分。

特別保養型

Tabisuru LuLuLun
東京ルルルン
（粋な椿のマスク）

香味 山茶花香

🏠 Dr.LuLuLun

¥ 1片入×5包　1,650円

在江戶時代，山茶花油是人們用來呵護肌膚與頭髮的傳統美容油。沒有過多的華麗裝飾，純粹並散發出優雅氣息，是一款傳承老江戶美感的山茶花油面膜。

每日保養型

Tabisuru LuLuLun
東京ルルルン
（和らぐお米の香り）

香味 沉穩米香

🏠 Dr.LuLuLun

¥ 7片入×4包　1,760円

富含胺基酸和維生素B群的米麴，是誕生自日本傳統釀造技術的美肌成分。直至今日，東京湯島地區（東京都文京區的町名）仍存在著超過200間的米麴專賣店。在發酵美肌風潮下，成為備受注目的和風保養素材。

東京利島 山茶花種子油

富含油酸的山茶花種子油親膚性高，能快速滲透肌膚，在江戶時代是相當高人氣的傳統美容油。

日本國產 番紅花

從日本番紅花花瓣中萃取的美肌成分，能安撫不穩肌，並讓紋顯得更加細緻。

冰河琥珀酸

萃取自冰河中微生物的琥珀酸，能在東京這座不夜城當中，讓人們疲累的肌膚找回健康的緊緻光澤。

天野屋米麴 萃取物

富含胺基酸和維生素B群，能讓肌膚保持水潤，並使膚觸顯得滑順。

里櫻花瓣 萃取物

充滿春季活力，能讓肌膚更顯緊緻與光澤。

酒粕 萃取物

從八重櫻酵母酒粕中萃取出的傳統美肌成分，能夠用於提升肌膚清透感。

京都 Kyoto

即便身為國際觀光大都市，京都獨具的脫俗與優雅氣息依舊獨樹一格。旅行LuLuLun系列以聞名全球的宇治綠茶和藝伎作為京都印象主題，推出兩款極具特色的京都風伴手禮面膜。

特別保養型

Tabisuru LuLuLun
京都のプレミアムルルルン
舞妓肌マスク

🏠 Dr.LuLuLun

香味 木蠟香

¥ 1片入×5包 1,650円

相傳萃取自野漆樹果的木蠟，是藝伎們自古以來維持素顏美麗的祕密。其實，木蠟也是藝伎們固定髮型時所用的「鬢付油」主要成分。因此，藝伎的美與木蠟可說是息息相關。

維持舞伎美貌的祕密木蠟

萃取自野漆樹果的木蠟具有優秀潤澤力，能使肌膚不受乾燥環境影響，維持健康的光澤彈潤感。

京都釀酒老店酒粕萃取物

來自釀造歷史超過300年的老店，能夠深入滋潤角質的每個角落，使肌膚更顯閃亮帶來光澤。

宇治茶葉萃取物

來自京都知名的茶鄉，可調節肌膚狀態，讓膚觸變得更加滑嫩。

每日保養型

Tabisuru LuLuLun
京都ルルルン
（お茶の花の香り）

🏠 Dr.LuLuLun

香味 茶花香

¥ 7片入×5包 1,760円

散發出淡茉花香，令人放鬆身心的宇治綠茶，不只是京都人生活的一部分，蘊含於茶葉中的成分，更是京都美人維持健康美肌的祕密。

京都宇治綠茶萃取物

不僅帶有舒緩身心的茶香，還能讓膚質顯得更加滑嫩。

國產枇杷葉萃取物

蘊含滿滿生命力，不只預防肌膚乾荒，還能讓肌膚更加緊緻。

京都蠶繭萃取物

獨特的蠶繭蛋白，能增添肌膚水潤和緊緻度，讓肌膚散發出自然光澤。

沖繩 Okinawa

鄰近臺灣，人稱東方夏威夷的沖繩，是個全年吹拂海風與陽光強烈的海島。在這樣的自然背景下，沖繩發展出了不同於日本其他地區，極具特色傳統的美肌保養理論與自然美肌素材。

特別保養型

Tabisuru LuLuLun
沖繩ルルルン
（アロエの香り）

香味
蘆薈香

🏠 Dr.LuLuLun

¥ 1片入×5包 1,320円

宮古島蘆薈萃取物
生長於乾燥但富含鈣、鉀等礦物質的土壤，保濕補水及日曬後舒緩表現優秀的宮古島蘆薈，儼然成為日本國產蘆薈的代名詞。

宮古島沖繩絲瓜
富含天然保濕成分、維生素B群、C、E以及礦物質，不只能有效補水，還能同時滿足亮白與抗氧化等保養需求。

特別保養型

Tabisuru LuLuLun
沖繩ルルルン
（月桃の香り）

香味
月桃葉香

🏠 Dr.LuLuLun

¥ 1片入×5包 1,320円

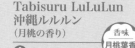

沖繩月桃葉萃取物
月桃葉當中的多酚含量更勝紅酒，具有相當出色的抗氧化與保濕效果，自古以來就是沖繩常見的傳統健康美容成分。

宮古島扶桑花萃取物
象徵沖繩的紅色扶桑花，富含抗氧化多酚與多種美肌成分。生命力強大的南國之花萃取物，具備優秀的膚紋調理作用，能讓肌況顯得更加細緻。

每日保養型

Tabisuru LuLuLun
沖繩ルルルン
（アセロラの香り）

香味
西印度櫻桃香

🏠 Dr.LuLuLun

¥ 7片入×4包 1,760円

沖繩本部町產西印度櫻桃
別名為紅色寶石的超級水果，富含維生素C、E、β-胡蘿蔔素及花青素，具備優秀的抗氧化力，並能提升肌膚的清透感。

沖繩薑黃
沖繩自古以來的食療素材，富含薑黃素，能提升肌膚的滋潤度與健康度。

每日保養型

Tabisuru LuLuLun
沖繩ルルルン
（シークワーサーの香り）

香味
酸桔果香

🏠 Dr.LuLuLun

¥ 7片入×5包 1,760円

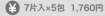

沖繩名護勝山酸桔種子油
冷萃自沖繩當地盛產，被稱為美肌守護神的酸桔。不僅能夠提升肌膚清透度，還能讓肌膚充滿有活力的緊緻感。

百香果皮萃取物
萃取自熱帶百香果的果皮，富含維生素A、B、C、β-胡蘿蔔素、檸檬酸以及鉀，能提升肌膚透亮度與光澤感。

沖繩海蘊
沖繩傳統飲食中常見的海帶類食材，對於肌膚具有相當出色的保濕作用。

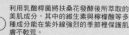
扶桑花發酵萃取物
利用乳酸桿菌將扶桑花發酵後所萃取的美肌成分，其中的維生素與檸檬酸等多種成分在紫外線強烈的季節裡保護肌膚不乾荒。

北海道 Hokkaido

一望無際的草原，遍地銀光閃耀的皚皚白雪……都是讓旅人們魂牽夢縈的北國壯麗風景。在這片冬季氣候嚴峻的廣闊大地上，其實也孕育著許多獨特且備受注目的自然美肌素材。

Tabisuru LuLuLun 北海道ルルルン（はちみつの香り）

特別保養型

香味 蜂蜜香

🏠 Dr.LuLuLun

¥ 1片入×5包 1,320円

北海道 菩提樹花蜜

散發出芳醇香氣的金黃琥珀色菩提樹花蜜，是北海道的特有物產。自古以來，富含維生素B與礦物質的蜂蜜就是美肌聖品，因此又被稱為「肌膚的維生素」。蜂蜜不僅具備優秀的保濕力、調節膚況與提升肌膚健康度的效果小備受肯定。

Tabisuru LuLuLun 北海道ルルルン（ハスカップの香り）

特別保養型

香味 藍靛果香

🏠 Dr.LuLuLun

¥ 1片入×5包 1,320円

北海道 藍靛果汁

在北海道又被稱為个老長壽之果的藍靛果，是北海道民常門嘗飲食中常見的食材。富含維生素C、E與多酚的藍靛果汁，能夠滋潤每一寸肌膚，讓整體視覺更顯年輕。

北海道沙棘 萃取物

生長於乾燥地區的北海道棘莓，具有相當堅強的生命力，其萃取物擁有十分出色的保濕與修復作用。

Tabisuru LuLuLun 北海道ルルルン（ラベンダーの香り）

每日保養型

香味 薰衣草香

🏠 Dr.LuLuLun

¥ 7片入×5包 1,760円

北海道薰衣草 萃取物

北海道薰衣草不僅香氣具備療癒與安定心神的作用，其萃取物還能滋潤並防止肌膚乾荒。

北海道 藍靛果汁

富含維生素C、E與多酚的藍靛果汁，具備相當優秀的滋潤作用，能提升肌膚的彈潤感。

北海道薏仁 萃取物

利用特殊加壓方式所取得的萃取成分，富含天然胺基酸，能讓肌膚顯得水潤緊緻。

Tabisuru LuLuLun 北海道ルルルン（メロンの香り）

每日保養型

香味 哈密瓜香

🏠 Dr.LuLuLun

¥ 7片入×5包 1,760円

北海道 哈密瓜種子油

利用冷萃技術，從哈密瓜種子所萃取而來的潤澤油成分，能調節肌膚水油平衡，使其維持在健康的水潤狀態。

北海道紫蘇 萃取物

自古以來就被廣泛使用的和漢健康素材，能防止肌膚乾荒，並散發出明亮的光澤感。

北海道真昆布 萃取物

萃取自北海道的厚實昆布，具備調節膚況、收斂以及保濕等作用，並讓肌膚顯得緊緻。

MINON蜜濃
世代傳承50年
敏感肌保養品牌

日本製藥大廠的
皮膚科學研究結晶
專注低刺激配方

MINON® Amino Moist

MINON 50TH SINCE 1973

品牌誕生於1973年的MINON，在一個敏感肌保養概念尚未成形的年代，開發出日本第一塊氨基酸肥皂，開啟日本的氨基酸保養新風潮。在藥廠的皮膚研究實力支持下，MINON專注於低刺激配方，最後成功開發出品牌核心成分「植物性氨基酸系潔淨成分」，並以維持肌膚防禦機能，同時追求潔淨力與保濕力為概念，推出一系列全家大小皆能安心使用的身體清潔與頭髮洗潤產品。在過去50年，成為日本人心目中使用感溫和，卻能預防肌膚乾荒的敏感肌沐浴品牌。

承襲MINON身體保養系列
低刺激配方基因
提倡抗敏也能美肌的保養新概念
MINON AminoMoist
氨基酸滋潤保濕系列

在敏感肌保養概念剛萌芽時，MINON提出敏感肌不只是追求低刺激，更要有美肌效果。因此在原有的9種保濕氨基酸基礎上，新增2種美肌氨基酸，開發出獨家的高濃度複合氨基酸成分，並於2009年推出能夠調理肌膚紋理、彈力與光澤的MINON AminoMoist 氨基酸滋潤保濕系列。

三大人氣品項

MINON AminoMoist
モイストチャージ ミルク

🏠 第一三共ヘルスケア

💴 100g 2,200円

品牌中人氣最旺的長效保濕乳液。質地宛如精華液般擁有出色的滲透力，使用起來沒有厚重的黏膩感，卻又具備優秀的潤澤柔膚體感。

MINON AminoMoist
ぷるぷるしっとり肌マスク

🏠 第一三共ヘルスケア

💴 22mLx4片 1,320円

質地獨特且不會對敏感肌造成刺激的面膜布，搭配觸感滑順的凝凍狀精華保濕成分，是許多乾燥敏感肌族群在藥妝店的重點掃貨品項。

MINON AminoMoist
モイストミルキィ
クレンジング

🏠 第一三共ヘルスケア

💴 100g 1,650円

溫和卻能確實卸除頑固濃妝的氨基酸卸妝乳，質地極為濃密滑順，卸妝時不會對肌膚造成拉扯。卸妝後，肌膚上也不會殘留黏膩感。

MINON AminoMoist
氨基酸滋潤保濕系列
2023年秋冬注目新品

臺灣也可以
買得到喔!*

MINON在2009年推出AminoMoist氨基酸滋潤保濕系列，不僅在2012年進行品牌升級改版，之後還在2019年推出綠色混合肌保養系列，和2020年發表紫色熟齡抗老系列，成為保養需求涵蓋相當完整的敏感肌保養品牌。而在2023年秋冬，基礎敏感肌系列與熟齡抗老系列，也推出了備受注目的霜類保養新品。

*エイジングケアアイクリームは第一三共皮海外旗艦店購買

MINON AminoMoist
モイストチャージ
クリーム

🏠 第一三共ヘルスケア

¥ 40g 2,530円

針對肌膚愈敏感就愈容易流失滋潤養分的特性，MINON AminoMoist推出強化保濕持久力的水潤修護霜。多達11種氨基酸、神經醯胺類似成分及滋潤膜成分，能在深層滋潤肌膚的同時修復肌膚屏障機能。質地濃密卻柔軟好推展，且滲透力表現出色，並沒有傳統乳霜的厚重黏膩感。適合不喜歡黏膩感，卻又希望膚觸更加潤澤柔嫩的乾燥敏感肌族群。

三大特色

1 持久高保濕力
長時間滋潤肌膚，遠離乾燥傷害。

2 滲透力表現出色
快速包覆並滲透，敏感肌也沒負擔。

3 保護肌膚不受刺激
濃密滋潤膜阻隔對肌膚造成刺激的環境因子。

MINON AminoMoist
エイジングケア
アイクリーム

🏠 第一三共ヘルスケア

¥ 25g 3,080円

肌膚愈是敏感，就愈容易受到外界刺激而發炎。尤其是肌膚偏薄的眼周，更容易引發乾燥、細紋、色斑等一連串的問題。MINON AminoMoist紫色熟齡抗老系列以品牌核心的保濕屏障成分作為基礎，搭配兼具美白與撫紋效果的菸鹼醯胺以及新型緊緻胜肽WR，最後順利推出這支在藥妝店開架保養品當中，首款專為敏感肌研發的緊緻亮采撫紋眼霜。（医薬部外品）

三大特色

1 添加雙重有效成分
同時應對細紋、色斑及肌膚炎症等問題

2 緊密無負擔的服貼感
結合兩種熔點不同的美容油，實現優秀的延展性與服貼感。

3 迅速潤澤修護的體感
塗抹後服貼於眼周凹凸不平的細紋，立即感受緊實感。

蜜濃提醒您：肌膚上有傷口紅腫濕疹等異常現象時，請勿使用。

CHIFURE
長久以來廣受日本人愛用的保養品牌

在2023年迎接品牌創立55週年的CHIFURE，其最大的特色就是對品質的高堅持，以及人人都能輕鬆入手的親民價。其實這背後，蘊藏著創立者的創業理念。在CHIFURE創立時，美妝品是價格高昂的奢侈品。創立者島田松雄先生為了讓更多女性使用自家產品，便在維持品質的條件下推出高CP值的產品。這種以消費者為本的理念，至今仍是CHIFURE的企業精神，因此廣受日本愛用者所支持。

CHIFURE的基礎保養品，不添加香料與色素，堅持以溫和對待肌膚。在還未公開成分表的年代，它早從1968年就開始，領先標示全成分與比例了。同時，為使消費者能安心使用，1978年起標示成分特性及產品製造年月。除此之外，CHIFURE也極力推動包裝簡化，在日本率先推出補充包。不僅能夠壓低價格，還能對友善地球盡一份心力。

目前日本全國主要的藥妝店都有CHIFURE專區。不僅有以卸妝按摩膏為始的基礎保養品，其底妝及彩妝品項也相當齊全，可說是相當具有特色的美妝保養品牌。到日本藥妝店血拚時，相當推薦到CHIFURE專區挖挖寶。

CHIFURE
ウォッシャブル コールド クリーム

🏠 ちふれ化粧品

¥ (罐)300g 825円
(包)300g 715円

無香料 無色素 無酒精

CHIFURE的長銷單品！廣受粉絲喜愛的卸妝按摩膏。在按摩過程中，乳膏會化為滑順的油狀，能同時卸除彩妝與累積在肌膚上的髒汙。相當推薦給想要好好潔淨肌膚，又想保留肌膚水潤度的人。

CHIFURE首家路面店開幕!

一直以來，CHIFURE集團都在百貨公司或藥妝店設置專櫃。不過就在2022年，CHIFURE於年輕時尚與美食聖地澀谷開設首家旗艦店。為迎合各種美妝保養需求，除CHIFURE之外，也同時展售HIKARIMIRAI、綾花、do organic、do natural、BEAUTY UP TOOL等CHIFURE集團下的各大品牌。在旗艦店中，各品牌皆展售完整品項，而且也提供專區展示試用品。對於想深入了解CHIFURE魅力的人來說，可說是不可錯過的全新美妝保養打卡聖地！

地址：東京都渋谷区宇田川町29-7 Y'MEZビル1F
營業時間：11:00～20:00（全年無休※元旦除外）

CHIFURE
口紅 ケース
（ABS樹脂外管）

🏠 ちふれ化粧品

¥ 143円

CHIFURE
口紅（替芯）

🏠 ちふれ化粧品

¥ 385円（全30色）

無香料

從成熟棕色系到可愛粉色系，顏色多達30色的口紅。每支替芯只要385日圓，絕對是CHIFURE的首推彩妝單品！添加保濕成分玻尿酸，滋潤雙唇不乾燥。不同色號的替芯搭配另售的外管，能自由自在地搭配出專屬自己風格的口紅，因此也很適合作為伴手禮送給好閨蜜。

CHIFURE
口紅 ケース メタル
（金屬外管）

🏠 ちふれ化粧品

¥ 各330円

CHIFURE
美白化粧水
VC&AR さっぱりタイプ
販売名：ちふれローション Aa

🏠 ちふれ化粧品

¥ 150mL 1,320円

無香料 無色素 無酒精

對成分相當堅持的CHIFURE，在美白系列VC&AR中同時添加安定型維牛素C衍生物與熊果素兩種亮白成分，並且還奢侈地搭配5種保濕成分。化妝水本身分為清爽型和滋潤型兩種。除化妝水之外，美白系列還有乳液、精華液及乳霜，非常建議使用整個系列加強美白保養。（医薬部外品）

CHIFURE
うるおいジェル

🏠 ちふれ化粧品

¥ 108g 880円 / 補充包 108g 770円

無香料 無色素 無酒精

同時兼具化妝水、精華液、乳液、乳霜、面膜和飾底乳等六大機能的CHIFURE濃密美肌保濕凝霜，在臺灣其實也有不少愛用者。質地極為滑順且能迅速滲透肌膚，洗完臉後只要一罐就能完成保養。添加4種保濕成分能潤澤肌膚角質層，使肌膚顯得柔嫩有彈性。

CHIFURE
薬用リップクリーム
販売名：ちふれリップクリーム Aa

🏠 ちふれ化粧品

¥ 2g 550円

無香料 無色素 無薄荷

添加抗乾荒成分甘草酸硬脂酯，CHIFURE的隱藏版人氣護唇膏。同時搭配保濕成分玻尿酸和潤澤成分橄欖油與荷荷芭油，能預防敏弱的雙唇乾荒，讓雙唇顯得水嫩豐潤。質地濃密滑順，塗抹起來相當舒服。（医薬部外品）

CHIFURE
泡洗顔

🏠 ちふれ化粧品

¥ 180mL 715円 / 補充包 180mL 605円

無香料 無色素 無酒精

採用壓頭設計，使用起來相當方便的胺基酸系潔顏泡。輕輕按下壓頭，就能擠出帶有彈力的泡泡並快速潔淨臉部。泡泡本身綿密，洗起來相當舒服，因此擄獲不少愛用者的心！添加保濕成分迷迭香油，讓洗後肌膚維持水潤感。相當建議搭配補充包一起買。

JAPAN ORGANIC

採用和風素材
日本國產有機美妝保養先驅

堅信「有機在於友善環境，美肌效果來自技術」的JAPAN ORGANIC，是日本國內極少數原料來自日本有機農家，同時極度講究配方、製造及包裝的日本國產有機保養企業。旗下有三大品牌，分別是有機保養do organic、有機彩妝WA by do organic，以及自然派保養do natural。

do organic
融合日本傳統食材的力量
將有機之力化為美肌之力

誕生於2008年的do organic，堅持選用適合東方膚質的和風有機素材，同時也是極少數通過ECOCERT與COSMEBIO雙重認證的日本國產有機品牌。

do organic
クレンジング リキッド

🏠 ジャパン・オーガニック

¥ 120mL 3,080円

顛覆傳統有機卸妝常識，99.7％為天然成分，卻擁有驚人卸除力的有機卸妝水。採用友善環境與肌膚的植萃成分，搭配比例達15％的保養成分，確實潔淨毛孔甚至是細微皮溝的同時，還能讓肌膚顯得水潤透亮。

do organic
ウォッシング ムース

🏠 ジャパン・オーガニック

¥ 150mL 3,300円

質地濃密有彈力，減低洗臉時肌膚摩擦力的潔顏泡。基底為香味優雅的大馬士革玫瑰水，搭配天然蜂蜜與獨家的有機穀物保濕成分，不僅能確實潔淨臉部髒汙，還能讓肌膚維持優秀的滋潤力而不緊繃。

do organic
エクストラクト
ローション アドバンスト

🏠 ジャパン・オーガニック

¥ 120mL 4,180円

凝集日本傳統食材美肌力的經典有機保濕化妝水。質地極為清透，能迅速滲透肌膚而沒有不舒服的黏膩感。彈潤表現優秀，適合用來調理紊亂的膚紋及乾燥引起的小細紋，蠻適合用來作為初老抗齡保養。

WA by do organic
突破重重技術限制
友善地球與肌膚的有機彩妝

JAPAN ORGANIC融合友善地球的理念及有機保養的概念，於2023年推出突破技術限制，並且通過國際有機保養品雙認證，在日本市場上極為稀有的有機彩妝品牌。

WA by do organic
カラー コントロール
プライマー

🏠 ジャパン・オーガニック

¥ 30g 4,400円

質地滑順，補色與遮飾效果優秀的飾底乳。使用起來不但滑順不黏膩，且獨特的有機保濕成分能發揮相當棒的潤澤效果。色號PK01粉紅適合用來增添血色，消除沒有活力的暗沉感；色號YL02米黃則適合用來修飾粗大毛孔與膚色差，使膚色顯得均勻健康。（SPF12・PA++）

WA by do organic
シアー リップスティック

🏠 ジャパン・オーガニック

¥ 4,180円

顯色清透優雅且帶有光澤感的有機唇膏。添加獨特的有機保濕成分，改善雙唇因為乾燥而顯眼的縱向紋路。RD01煉瓦色能讓整體膚色顯得明亮，呈現出低調時尚妝感；OR02珊瑚色則是偏黃調，可讓膚色更顯健康，屬於上班或日常都能使用的萬能色。RS03苔色是略帶藍調的粉色，能打造出不過度甜美的高雅氣質。

do natural
利用生命力強的植物之力
安撫壓力不穩肌

90%以上為天然成分，專為重視自然保養力的年輕世代所研發，誕生於2019年的do organic的姊妹品牌。全系列調合天竺葵、薰衣草及迷迭香100%精油，讓保養時也能感受到香氛療癒的效果。

do natural
ハイドレーティング ローション
［モイスチャー］(化妝水)

インテンシブ エッセンス
［モイスチャー］(精華)

ナリッシング エマルジョン
［モイスチャー］(乳液)

🏠 ジャパン・オーガニック

¥ (化妝水)150mL 2,420円
(精華) 40mL 2,860円
(乳液) 115mL 2,640円

90%成分來自天然素材，活用自然植物的生命力與保濕力的化妝水、精華液和乳液的基礎保養組。添加角質防禦成分以及萃取自稻米的葡萄糖基神經醯胺、水前寺藍藻萃取物等保濕成分，就連敏弱膚質也能使用。

MASCODE 立體口罩
日本年輕世代擁戴的時尚小臉口罩

從防疫必備品蛻變為穿搭單品

隨著全球疫情落幕，世界各國的防疫規定陸續鬆綁，口罩似乎逐步從日常生活中退場。不過在日本因為有花粉症，臺灣則是騎乘機車的習慣所致，兩地戴口罩的風氣似乎沒有因為疫情結束而有明顯的變化。正因為配戴口罩的日常習慣仍在，臺日兩地便發展出許多造型與配色特殊的口罩，儼然成為時尚配件的一部分。

MASCODE 3D

🏠 SUNSMILE

¥ 7個 550円

最受日本年輕人喜愛，甚至出現眾多類似品的流行單品。獨特的口罩與掛繩不同色的混搭設計，能搭配穿搭或妝感，是MASCODE 3D口罩最大的特色。在接觸臉部肌膚的內側布面方面，則是採用低敏無刺激且不易弄髒的帶色無紡布，即便彩妝蹭到口罩上也不易被發現。

MOCHA BROWN×BLACK

摩卡棕×黑　全系列中人氣最高的限定色，在鐵粉千呼萬喚下再次復刻登場。

BEIGE×BLACK

米黃×黑　原本人氣米黃色的升級改版新款，能將膚色襯托得更加明亮柔和。

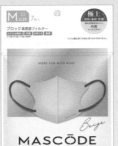

BEIGE×ORANGE

米黃×暗橘 升級改版後的人氣米黃新款，搭配鮮明有活力的橘色，散發出明亮的雀躍感。

MASCODE Active

🏠 SUNSMILE

¥ 7個 594円

　　內側布面帶有舒適涼感，而且還具有UV Cut機能，能夠遮擋87%的紫外線。原本是夏季限定品，但配戴時的涼爽舒適感立即擄獲眾多愛用者的心，因此從2023年9月起便成為全年銷售的常態商品。

GREIGE×NAVY

淺米灰×海軍藍

IVORY×BEIGE

象牙白×米黃

M

L

GRAY×BLACK

灰×黑　有M及L兩種尺寸可以選擇。

加美乃素

深耕研究生髮技術超過90年
日本女性育髮領導品牌

在日本藥妝店裡，育髮養髮商品一直是個競爭相當激烈的類別。在眾多品牌中，創業至今已有115年的「加美乃素」無論是在配方研究或是製劑技術，都是深耕該領域的領頭羊。對於許多日本人而言，加美乃素是跨越世代，產品體感與知名度都相當高的長銷品牌，只是整體產品定位較偏傾男性取向。其實，不只是男性，許多女性也會因為環境或生理變化而有育髮需求。

1970年代

打開女用育髮劑新市場
第一代加美乃素女用版

在注意到女性的養髮需求後，加美乃素便在1970年代，推出當時市面上極為罕見，以女性需求為出發點的女性專用育髮劑——「Ladies加美乃素」。

「Ladies加美乃素」不僅能夠用於預防掉髮及毛髮稀疏問題，還著重在強化頭皮健康，改善頭皮癢與頭皮屑等常見困擾。頭皮的健康，也和頭髮的美麗狀態息息相關。

2000年代

女用育髮劑市占領導品牌
加美乃素女用版系列

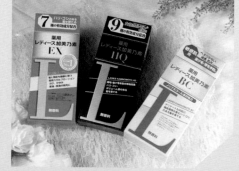

隨著女性育髮商品市場的成熟以及需求多樣化，加美乃素憑藉多年來的研發結晶，以獨家配方和高CP值為賣點，於2009年推出全新的「Ladies加美乃素EX」，並迅速成為女用育髮劑的代表性商品。在2017年，更是推出全系列人氣最高的熱銷產品「Ladies加美乃素HQ」。直到今日，加美乃素女用版依舊是日本人心目中最值得信賴，且認知度最高的女性育髮劑品牌。

Ladies加美乃素

兩大人氣祕密

CP值優勢

Ladies加美乃素廣受日本人喜愛的最主要原因，就是有效成分類別多，但價位卻相當合理不傷錢包。市面上絕大部分的女用育髮產品大多添加三種左右的育髮有效成分，但Ladies加美乃素系列不僅添加多達3～9種的育髮有效成分，入手價格還僅落在2,000日圓以內。

成分技術優勢

加美乃素運用長達90年的研究成果與技術，從眾多養髮有效成分中精選出延命草萃取物（Kamigen E）、苦蔘萃取物（Kamigen K）以及獨家有機酸複合成分CS-BASE，調配出有別於其他同質性商品的優秀育髮有效成分。

Ladies加美乃素系列

三大主力

HQ 適合分線稀疏塌扁，髮絲變細軟者

薬用レディース
加美乃素HQ

加美乃素本舖

医薬部外品　¥ 150mL 2,200円

添加9種育髮有效成分，是全系列當中成分組合最為豪華的頂級版本。最大的特色，就是添加女性荷爾蒙（乙炔雌二醇），能應對男性荷爾蒙活化所造成的掉髮問題。對於髮絲沒有彈力與韌性的人來說，更是能夠用來提升整體蓬鬆感。

EX 適合想調整頭皮狀態，擔心未來可能落髮者

薬用レディース
加美乃素EX

加美乃素本舖

医薬部外品　¥ 150mL 1,100円

帶領Ladies加美乃素系列成為女用育髮劑領導品牌的人氣品項。多達7種有效成分。從預防的觀點出發，重視調理毛囊與頭皮環境，進而預防掉髮的狀態。

BC 適合頭皮敏感，有頭皮癢與頭皮屑問題者

薬用レディース
加美乃素BC

加美乃素本舖

医薬部外品　¥ 150mL 1,320円

通過3種皮膚刺激試驗※，未添加酒精的弱酸性育髮劑。除了含有改善髮絲彈性和韌性的育髮成分外，還添加4種保濕成分，能滋潤敏感易乾荒的頭皮，藉此調理頭皮的健康度。在整個育髮劑市場中，是相當少見的敏感肌專用品。

※無法保證不造成所有人皮膚產生敏感或刺激感。

合利他命

在日長銷70年
醫療級維生素B群
從細胞應對疲勞問題

　　自1954年第一瓶「合利他命糖衣錠」問世以來，合利他命就一直是藥妝店的醫療級維生素B群熱銷王。不只日本人，不少臺灣人赴日旅遊時，購物清單中幾乎都可見合利他命的蹤跡。其人氣之高，部分國人必訪的價格取勝型藥妝店，經常會有缺貨狀況，甚至是祭出每人購買數量上限的規定。對於許多想要對抗疲勞與痠痛的現代人來說，合利他命堪稱是日常不可或缺的常備藥。

抗疲勞與維持神經機能健康
合利他命的核心成分

維生素B1

　　目前已知的維生素B群共有8種類型，而合利他命所含的多種維生素B中，最為核心的抗疲勞成分則是維生素B1。人體可透過維生素B1來輔助代謝糖質並產生能量，如此一來較不容易覺得疲勞。同時間，維生素B1也能輔助神經細胞正常運作，因此也有助於改善部分神經痛問題。

　　然而維生素B1最令人詬病的地方，就是容易在食材清洗與烹調過程中流失，甚至是進入體內後不容易被小腸等消化道吸收。從臺灣人的飲食習慣來看，也容易有維生素B1攝取不足的問題，這也是為什麼不少人總是會感到疲勞。因此，對於忙碌的現代人而言，額外補充適量維生素B1便成為對抗疲勞的關鍵重點。

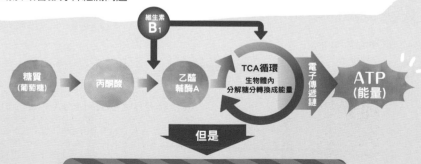

維生素B1有著不易被小腸等消化道吸收的缺點

日本銷量最高的合利他命
眼・肩・腰感到疲勞時

ALINAMIN
アリナミンEXプラス

第**3**類
医薬品

🏠 アリナミン製薬

¥ 60錠　2,398円 ／ 120錠　4,488円
180錠　6,578円 ／ 270錠　8,778円

在合利他命系列中，臺灣人認知度最高且最為熱銷的一款，只要赴日旅遊幾乎都會瘋狂掃貨。適用於應對長時間使用電腦或手機所引起的眼睛疲勞，以及久坐、肌肉緊繃所引起的肩膀痠痛與腰痛問題。

銀色合利他命
眼・肩・腰疲勞程度更高時

ALINAMIN
アリナミンEXプラスα

第**3**類
医薬品

🏠 アリナミン製薬

¥ 24錠　　990円 ／ 80錠　2,970円
140錠　4,730円 ／ 280錠　7,700円

合利他命EX PLUS的新世代升級版本。整體成分與劑量都相同，但額外添加人體產生能量時所需的維生素B2，對於疲勞感特別強烈的人來說，是相當值得參考的強化型產品。上市後人氣穩定成長，成為愈來愈多日本藥妝通的指定購買款。許多人嘗試過後都有相當明確的體感，頗有成為合利他命新主力的趨勢。

藍色合利他命
疲勞導致的疼痛或發麻等
不適症狀報到時

ALINAMIN
メディカルGOLD

第**3**類
医薬品

🏠 アリナミン製薬

¥ 21錠　1,628円 ／ 45錠　3,300円
105錠　5,500円

合利他命系列的最新生力軍，特別適合因疲勞導致的疼痛或發麻等症狀出現時使用。除基本的維生素B1、B12等抗疲勞與神經機能維持成分之外，還添加具有修復末梢神經的活化型維生素B6，以及能夠促進血液循環的維生素E。因此格外適合眼睛疲勞到會痠、會痛，肩頸僵硬到難受、腰痛體感明顯，和手腳有痠麻感的人。

新谷酵素 夜遲系列
熱銷世界多國的日本活酵素

新谷 弘實 醫師

享譽全球的腸胃內視鏡權威醫師指導監製

全球熱賣超過2,200萬盒的新谷夜遲酵素，堪稱是日本活酵素的代名詞。在背後推動新谷夜遲酵素誕生的人，正是《新英格蘭醫學雜誌》遴選為過去200年間對醫學史有顯著貢獻的八位醫師之一：腸胃內視鏡權威的新谷弘實醫師。

新谷醫師根據多年的臨床數據分析，發現酵素是人體健康的關鍵，因此投入研究並開發日本原產的活酵素。為了讓更多民眾能夠體驗活酵素的健康效果，於是推出一般通路版本「夜遲酵素」系列，因此成為眾多日本人與外國訪客趨之若鶩的腸道健康好幫手。

新谷酵素 夜遲いごはんでも GOLD+

🏠 新谷酵素

💴 6粒×30次　3,218円

夜遲酵素系列中的黃金頂級版本，每次建議攝取量當中所含的活酵素高達680毫克。相當適合喜歡吃油膩食物、甜點以及碳水化合物的人來阻斷多餘的吸收。另外，薑黃添加量多達65毫克，也很適合應酬聚餐需要喝酒的人。在改版之後，還新增薺拔與植物固醇，在強化代謝效率之餘還能應對油膩飲食。對於生活不規律、愛吃又沒時間動的人而言，是相當不錯的體態管理幫手。

新谷酵素 夜遲いごはんでも 眠ってる間に

🏠 新谷酵素

💴 7粒×28次　2,678円

高人氣夜遲酵素的新成員，每次建議攝取量的活酵素含量為400毫克。新谷晚安酵素搭配能夠輔助成長荷爾蒙分泌的胺基酸，不僅能夠輔助提升睡眠品質，還能善用睡眠時間美體。

新谷酵素 RAKUFAS

🏠 新谷酵素

💴 1.5天份　2,970円

近期在日本引發熱賣潮的新谷酵素週末輕斷食組合。內含3包酵母蛋白蛤蠣巧達濃湯、2包酵母蛋白玉米濃湯，以及2包黃豆粉口味的18穀物酵素飲。口味不僅講究還很美味，且具有不錯的飽腹感，很適合在週末進行1.5天的輕斷食時取代高糖、高油、加工食品等食物，讓腸胃道適度休息，達到排毒減重並活化體內的代謝酵素。

菊正宗
引領風潮的
和風保養始祖品牌

概念源自傳統
日本酒與米食文化

擁有365年歷史的菊正宗酒造，是日本首屈一指的日本酒釀造公司。在2009年時，以富含胺基酸的日本酒作為基底，開發出一系列的保濕泡澡劑而在日本藥妝界引發話題。而後於2012年推出帶有日本酒清香的日本酒化妝水，更是引起一股日本酒保養風潮，並且持續推出完整的保養系列而成為日本極具代表性的和風保養品牌。

菊正宗
日本酒の美容液 NA5

🏠 菊正宗酒造

¥ 150mL 2,090円

菊正宗日本酒保養系列中的高人氣保濕精華。在2023年推出升級進化版，維持多達150mL的大容量，還將12種胺基酸保濕成分含量提升到兩倍，保濕力也因此大幅提升80%！除此之外，還新增具備撫紋及亮白機能的菸鹼醯胺，讓原本單純的保濕精華蛻變成為兼具保濕、抗齡及美白機能的多機能精華液。這次改版也針對日本酒香進行調整，香氣表現更加溫和柔順。

RiceMade+
マイルドクレンジングオイル

🏠 菊正宗酒造

¥ 200mL 1,485円

融合滿滿白米保濕成分的100%植萃卸妝油。開發概念來自釀造日本酒的白米，採用萃取自白米的5種美肌成分、3種維生素C衍生物、3種胺基酸和3種神經醯胺。不僅能夠確實卸除彩妝、老廢角質以及毛孔髒汙，還能讓卸妝後的肌膚更顯水嫩且清透。獨特的米保養概念，搭配優秀出色的卸妝力與保濕力，讓釀酒老廠所推出的卸妝油，成為近期日本網路討論聲量極高的卸妝逸品。

日本奢華品牌精選

貴婦貴夫怎麼美～
セレブの御用達

　　一直以來，日本藥妝店是大家血拼掃貨的一級戰區。不過在這個眾人廝殺的主戰場之外，百貨公司也是個貴婦貴夫們追尋奢華保養逸品的宮殿。

　　隨著美肌科技進步，許多奢華品牌都凝結自家科研結晶，推出成分與技術皆在業界金字塔頂端的夢幻逸品。在這邊，日本藥粧研究室就為各位精選日本極具代表性的三大奢華保養品牌——肌膚之鑰、御銀座以及黛珂AQ系列旗下的人氣品項。

　　同時間，也從體內美容的觀點，精選出近年來備受矚目的日本國產燕窩品牌BI-SU美巢以及新谷酵素的頂級系列。

Clé de Peau Beauté
肌膚之鑰

利用先進科技解鎖肌膚智能的原力
引出肌膚自身的知性之美

品牌誕生於1982年的肌膚之鑰，是資生堂這座龐大美肌宮殿的頂級品牌。品牌名Clé de Peau Beauté源自於法文，意為「一把美麗肌膚的鎖鑰」。在過去40多年來，集結資生堂科技結晶，搭配嚴選珍稀成分，致力於喚醒肌膚與生俱來分辨好壞刺激的能力，開發出一系列成分與包裝設計皆屬業界頂尖等級的產品，讓肌膚紋理、色澤、輪廓皆能散發出光采並維持完美狀態。

Clé de Peau Beauté
ル・セラム

¥ 50mL　27,500円

滲透力表現極佳，能讓肌膚觸呈現絲綢般滑順的導入精華。利用紅、棕、綠三種海藻複合物活化肌膚再生力，使肌膚更顯飽水Q彈。導入精華不僅能讓肌膚紋理更加細緻，也能輔助後續保養的吸收效率。（医薬部外品）

Clé de Peau Beauté
ローションイドロΛ　n

¥ 170mL　12,650円

能滋養肌膚智能，同時活化肌膚深層活力與光采的精萃光采柔潤保濕露。具備優秀的即時補水力，可積極調理肌膚乾燥與粗糙狀態，透過重整肌膚紋理的方式，讓肌膚的觸覺與視覺都呈現柔嫩與光滑。在肌膚之鑰整個品牌中，是支持率極高的化妝水。（医薬部外品）

Clé de Peau Beauté
エマルションプロテクトゥリスn

¥ 125mL　13.200円

採用肌膚之鑰獨家的智能科技，能在日間同時為肌膚做好補水與防曬的「精萃光采防護精華乳」。濃密質地不僅能提升肌膚絲滑觸感，更能加強後續底妝的肌膚表面附著力，提升底妝的持妝力與定妝效果。全天候的補水作用，則有助於重整肌膚緊緻度與彈性，並使肌膚散發出動人的自然光澤。（SPF25・PA+++）（医薬部外品）

Clé de Peau Beauté
エマルションアンタンシヴn

¥ 125mL　15,400円

能夠滋潤肌膚一整晚，同時加強肌膚緊緻度與彈性，並且淡化明顯細紋的「精萃光采修護精華乳」。不僅擁有出色的潤澤撫紋作用，還搭配突破性技術配方，在夜間幫助肌膚減緩白天紫外線對肌膚所造成的傷害。添加資生堂獨家的淨白成分4MSK，讓膚況顯得更加清透有活力。（医薬部外品）

THE GINZA
御銀座
源自時尚的審美與感性
成就宛如量體裁衣般
高級訂製的完美肌膚

　　1975年的THE GINZA，是座落於奢華銀座的時尚精品店，以獨到的哲學與美學詮釋著奢華的真髓。2002年的THE GINZA，則是承襲精品店時代的時尚基因，認為肌膚就像是量身打造的高級訂製服裝。因此從肌膚感知力出發，探索著如何訂製出獨一無二的極致膚質。THE GINZA便是以時尚產業的觀點，孕育出無法複製的品牌核心成分「THE GINZA Perceptive Complex EX*」，以極簡但無可取代，且宛如量身訂製般地應對各種膚質與狀態。

*THE GINZA PERCEPTIVE COMPLEX EX™ (ROSA ROXBURGHII FRUIT EXTRACT, SODIUM CARBOXYMETHYL BETA-GLU-CAN,POLYQUATERNIUM-51, GINKGO BILOBA LEAF EXTRACT, GLYCERIN)

ザ・ギンザ
ハイブリッドジェルオイル

¥ 100mL 27,500円

獨特的凝膠質地按摩油。在接觸肌膚的瞬間，便會輕柔化開並賦予肌膚滿滿的潤澤感。搭配按摩手法促進血液循環，讓肌膚顯得更加清新有活力，宛如穿上高雅絲綢洋裝般滑嫩有光澤。

ザ・ギンザ
エッセンスエンパワリング　P

¥ (日)45mL＋(夜)45mL
198,000円

THE GINZA最具代表性的日月煥能精華套裝。具備高機能密集修復力，同時滿足保濕、抗齡、淡斑等保養需求。號稱充滿夢想的一滴，只要六星期就能讓肌膚光蘊覺醒，實現豐盈煥亮的肌膚。日用精華帶有SPF25・PA+++的防曬係數，搭配迷迭香與柑橘精油的香氛，能使人精神煥發；夜用精華較為潤澤，搭配薰衣草與鼠尾草調香，具備安撫沉靜的作用。

ザ・ギンザ
モイスチャーライジング

¥ ローション（水）200mL 19,800円
エマルジョン(乳)150g　22,000円

獨家的御銀座感知複合臻粹™，能夠察知肌膚狀態，並且深入滋潤角質，使肌膚充滿水潤、緊緻與彈力的煥能水乳組。質地相當豐盈，卻不會留下黏膩感與過度的油光。獨特且優雅沉穩的調香，更是大幅提升保養時的實際體感。

ザ・ギンザ
エンパワライザー　P

¥ 40g 110,000円

每晚只要1粒珍珠的用量，就能在睡眠期間深層修復，令肌膚恢復原有緊緻、亮白與彈力狀態的煥能晚霜。質地豐盈輕柔，號稱連續使用8週就能明顯感受到皺紋面積、長度與數量上的變化。同時間，肌膚本身的色斑、暗沉感及膚觸，也都能感受到明顯的新陳代謝。

DECORTÉ AQ
黛珂AQ煥妍系列
探索幸福因子與肌膚的關係
用究極品質提升肌感度

自1990年誕生以來，整個高絲集團最為奢華，也是黛珂整個品牌最具代表性的DECORTÉ AQ，便將其代表的「Absolute Quality」究極品質奉為圭臬。集結研發技術結晶、嚴選全球美肌素材、近乎苛求的配方與製程，在2023年聚焦於心靈幸福感與美麗肌膚間的關聯性，推出能夠喚醒肌膚美麗的新生AQ煥妍系列。除原有的禾雀花萃取液、白樺水及白檀萃取液之外，在這次的品牌升級改版中，還新增來自頂尖植物研究成果，能提升肌膚彈力光潤，極為稀缺的金玉蘭萃取液。

DECORTÉ AQ
アブソリュート エマルジョン
マイクロラディアンス

アブソリュート ローション
ハイドロインフューズ

¥ (乳液) 200mL 11,000円
(化妝水)200mL 11,000円

先乳後水，先用煥妍柔膚乳調理水油平衡並柔化肌膚，再用煥妍潤膚露深入滋潤的步驟，是黛珂獨特的美容手法。乳液能調理肌膚密度並提升潤澤度，搭配以高濃度白樺水作為基底，能夠提升肌膚高雅清透感的化妝水，簡單的兩個步驟，就能實現身心皆感到滿足的幸福美肌。

DECORTÉ AQ
アブソリュート バームクリーム
エラスティック

¥ 50g 33,000円

號稱只要一個晚上，就能實現活力美肌的煥妍新生晚霜。質地濃密的乳霜，會隨著體溫化開並均勻服貼肌膚，宛如一片隱形面膜一般，持續潤澤並修復日間受損的肌膚。搭配穿心蓮等多種植萃成分，能幫助提升肌膚的活力與彈力。

DECORTÉ AQ
アブソリュート デイクリーム
アウェイクニング プロテクト

¥ 50g 19,800円

煥妍防禦日霜在塗抹瞬間就會與肌膚融為一體，彷彿是一道隱形保護膜一般，阻隔紫外線和其他環境傷害因子。同時間，多種美肌成分能持續幫助肌膚維持彈力光澤與水潤，並讓底妝更加服貼，可作為妝前飾底乳使用。（SPF15・PA++）

DECORTÉ AQ
アブソリュート アイクリーム
タイトフォーカス

¥ 15g 16,500円

針對眼周細緻脆弱的肌膚所研發，能夠修復眼周鬆弛肌膚，提升緊緻明亮度的煥妍緊緻眼霜。勺棒為獨特的雙頭設計，單頭挖勺能簡單取用眼霜，另一端則為美肌滾輪，可在塗抹眼霜之後用來冰鎮及按摩眼周肌膚。

EraL PREMIER
日本洗潤護的高端奢華品牌
頂級美髮沙龍限定

2010年問世的EraL，是個專注於頭髮與頭皮抗齡保養的美髮品牌。主要聚焦於增齡、老化及抗氧化三大課題，並融合植萃之力與科學之力，於2015年推出整個品牌，乃至於整個日本美髮界的高端奢華系列「EraL PREMIER」。

不只是成分，在包裝設計上更是展現低調的日式奢華風格，力邀日本江戶切子（一種別具優雅美感的日本傳統雕花玻璃工藝）名門，三代秀石（對江戶切子工藝大師的尊稱）堀口徹親自設計。以豐盈黑髮的自然光影為主題，催生出質感破表，宛如玻璃藝術品般的瓶身。光是擺放在浴室，就能讓整體氛圍加分許多。

EraL PREMIER
バランシングシャンプー

¥ 400mL 12,100円

洗髮使用感像是精華液一般，能夠潔淨並潤澤頭皮與髮絲，同時預防頭皮癢與頭皮屑。依照不同的頭皮質地，分為使用感清爽的SY混合肌、使用感滑順的SL不脂肌，以及使用感滋潤的CO乾燥肌等三種類型可選擇。（医薬部外品）

EraL PREMIER
セラムトリートメント

¥ 400g 12,100円

潤髮質地相當濃密，就像是美容保養霜一般能包覆並調理受損髮質，讓髮絲顯得更有光澤且滑順。依照潤護後的髮絲觸感，共有觸感清爽的SK絲滑型、觸感水潤的MS滋潤型，以及觸感豐盈的DP超潤澤型等三種類型可選擇。（医薬部外品）

EraL PREMIER
ストレッチオール

¥ 120mL 13,200円

外觀宛如黃金魚子醬一般的頭皮專用精華。將頭皮視為臉部肌膚的延伸，融合多種頂級美肌成分，能讓頭皮變得柔軟並有彈性，同時也呈現水潤狀態，讓頭髮從髮根健康到髮尾。

EraL PREMIER
バランシングスカルプ
エッセンス

¥ 100mL 12,100円

融合多種美肌保濕成分，能夠深入頭皮給予滿滿的滋潤感。洗完頭髮稍微用毛巾擦乾後，在頭皮噴數次並以指腹按摩，就能提升頭皮的健康度，使髮絲更顯強韌有彈性。

BI-SU美巢
日本頂級燕窩品牌
採集自東南亞叢林絕壁

早在楊貴妃的時代，燕窩就是頂級美容食材的代表。在中醫觀點中，富含蛋白質、黏多醣、唾液酸和EGF的燕窩，更是補中益氣、治虛勞及調節免疫力的藥材。來自日本的頂級燕窩品牌「美巢」，採用的是來自馬來西亞叢林絕壁才能採集到的珍稀金絲燕燕窩。

美巢
BI-SU16 食べるタイプ

¥ 28g×5個 21,600円

採用完整的野生金絲燕燕窩，搭配甜菜糖、銀耳萃取物及膠原蛋白胜肽所製成的即食燕窩。未添加防腐劑、人工色素和甜味劑，能夠簡單且完整品嘗天然的頂級珍稀燕窩。

新谷酵素PREMIUM
融合日本傳統發酵食品與美國營養學
集結醫學權威50年經驗的健康關鍵

主打活酵素之力的夜遲酵素，在華語圈中是相當知名的長銷商品。其背後的推手，正是全球知名的腸胃內視鏡權威——新谷弘實醫師，除了國人熟知的藥妝店版本，其實新谷酵素還有官網限定的頂級版酵素，以及百貨版的抗齡輔助食品。

新谷酵素
エンザイム プレミアム(N)

¥ 210粒 10,285円

每日建議攝取量7粒當中，活酵素含量高達1,135毫克的新谷酵素頂級版。著重於酵素在48℃時就會逐漸受到破壞的特性，採用低於47℃的低溫粉末化製程，完整保留活酵素原有的健康力。

SUPERFOOD NUTRIENTS
NMN 15000 PREMIUM

¥ 90粒 54,000円

乍看下相對陌生的NMN，其實是日本貴婦圈中近年來討論度極高的抗衰老輔助成分。許多頂奢健康輔助食品品牌，紛紛推出價格不斐卻搶手熱賣的NMN。新谷酵素所推出的NMN，單日建議攝取量3粒當中就含有500毫克的NMN，於眾多產品中屬於高劑量等級。再搭配獨家的活酵素，在抗齡健康輔助機能上可說是更上一層樓。

新谷酵素
エンザイム
プレミアムバイオ

¥ 170g 15,428円

融合獨家活酵素與有益人體健康之微生物，市面上相當稀有的半濕狀酵素粉。休眠於半濕狀酵素當中的酵素及微生物在進入人體後，會在水分刺激下甦醒，提供人體最新鮮的健康輔助作用。由於原料稀缺和製程難度高，因此市面上的流通數量相當稀少。

CHAPTER

2

藥妝・美妝店特輯

日本旅遊的血拚重點
人人都必須規劃的藥妝採購行程

　　都來到日本旅遊了，怎麼能不大肆採購日本藥妝呢？在日本，採購藥妝的血拚熱點通常可分為「藥妝店」與「美妝店」。不過，因為藥妝市場實在太大，是眾多訪日觀光客都會規劃的購物行程，因此像是唐吉訶德這類的雜貨店，或是必酷（BIC CAMERA）和友都八喜（YODOBASHI CAMERA）這類的電器量販店，近年來都強化藥妝品項，甚至規劃出一整個樓層的空間，宛如將一間藥妝店塞在裡頭。

 ## 藥妝店&美妝店

　　在日本，藥妝店（ドラッグストア）和美妝店（バラエティーショップ）最大的差異，在於藥妝店會**同時販售OTC醫藥品與美妝保養品**，而美妝店則是**專精在美妝保養品**。一般來說，觀光客通常習慣在藥妝店一次購足OTC醫藥品以及常見的美妝保養品。不過，有些美妝品因為行銷策略或產品定位的關係，只在美妝店上架銷售。因此，想要獲取更多美妝產品訊息，或是挖掘小眾美妝品牌的話，就相當推薦到美妝店更新一下資料庫。

日本常見的 連鎖藥妝分類

　　你是否曾注意過，走在日本的鬧區中，走沒幾步路就會看見一家藥妝店。沒錯！撇開一些個人經營的藥局不說，日本全國的連鎖藥妝店居然超過2萬家！其密集程度之高，居所有商店之冠。在東京、大阪、札幌、沖繩、福岡等重點城市的主要商圈中，更是經常出現「藥妝一條街」的景色。在這邊，日本藥粧研究室就來為大家分析一下常見的日本連鎖藥妝特色。

價格友善型

　　顧名思義，就是通常會以優惠價格吸客，適合所有想要便宜購入更多藥妝品的人。台灣人再也熟悉不過的**大國藥妝、OS藥妝**以及**COSMOS**都是屬於價格友善型的藥妝店。一般來說，這類藥妝店的陳列品項都會偏少，但大家購物清單上的熱門品項一定會有，所以相對適合已經鎖定購物目標，擬好購物清單的人前往快速掃貨。

商品齊全型

　　舉凡是台灣人再也熟悉不過的**松本清、AINZ&TULPE**以及**SUGI藥局**，皆屬於這個類型的連鎖藥妝。在這些藥妝店當中，你想得到的OTC醫藥品或美妝保養品都會有，商品數量相當龐大。加上時不時會有大廠聯名商品，或是推出各種自有品牌，因此適合想要慢慢逛、慢慢挖寶的人。

大國藥妝
ダイコクドラッグ

CPEN

訪日必逛的高CP值藥妝殿堂
從常備藥、美妝品到伴手禮簡單一站購足

　　無論是日本藥妝通或是新手，大家絕對都逛過大國藥妝。包括大阪及東京在內，從沖繩到北海道，日本全國的大國藥妝門市超過120家，任何訪日觀光客出沒的鬧區或商店街，都能見到大國藥妝那搶眼又熟悉的橘色招牌。

只限免稅結帳金額
50000日元以上的客人使用

MAX 18%OFF
SERVICE TICKET
TAX FREE 8
但，一部特價商品不能打折

掃我看其他分店

大國藥妝的高人氣四大祕密

秘密①　　價格優勢
★★★★★

大國藥妝最廣為臺灣旅客所熟知的特色，就是具有破壞力的價格優勢。尤其是大家購物清單上的必買品項，幾乎都能用極為優惠的價格購入。

秘密②　　品項優勢
★★★★★

不只是常備藥、保養品或彩妝品，還有大家平時愛吃的零食，甚至是送給親朋好友的伴手禮，都能在大國藥妝一站式購足！

秘密③　　語言優勢
★★★★★

欢迎!! 中文 OK

十分重視外國旅客的大國藥妝，從相當早期就開始配置大量會講中文的店員，就算不會日文也能毫無障礙的放手血拚！

秘密④　　退稅優勢
★★★★★

大國藥妝不只價格便宜，而且幾乎所有門市都能原店退稅。部分門市更是有退稅專屬樓層，大幅加快退稅速度，省去旅客排隊退稅的寶貴時間。

大國旗艦店
免稅熱門商品專區

大阪的心齋橋、道頓堀和東京等地的大國旗艦店，都設置有免稅的熱門商品專區。貼心的把熱門品項集中在一起，讓旅客不必耗費太多時間尋找購物清單上的商品。

期間限定廠商專區

大國藥妝不只是訪日旅客的藥妝購物打卡地，也是眾多廠商的兵家必爭之地，因此有時候會出現期間限定的廠商專區。例如旗下擁有百保能、力保美達、口內炎貼片以及欣表飛鳴等眾多人氣品項的百年藥廠「大正製藥」，就在大國藥妝設置期間限定的專櫃，不只陳列臺灣人必買的常備藥，同時也陳列日本當地擁有高人氣，但外國人卻還沒注意到的產品。身為日本藥妝通的你，下次看到這樣的廠商專區，別忘了停下腳步仔細做功課哦！

位於大阪道頓堀的祕密拍照景點

在大國藥妝道頓堀店即可一覽跑跑人看板，拍網美照也不用風吹日曬，私心推薦值得一訪的門市景點。

大正製藥人氣品項in大國藥妝

☑ PABRON
パブロンゴールドA
就算沒吃過，也一定幫親朋好友買過的百保能感冒藥粉，一直都是臺灣人購物清單上的固定班底。

☑ PABRON
パブロンkidsかぜ微粒
百保能感冒藥粉的兒童版，包裝是兒童界全民偶像巧虎人神！除藥粉之外，還有感冒糖漿與錠劑可以選擇。

© Benesse Corporation　巧虎 is a registered trademark of Benesse Corporation.

☑ BIOFERMIN®
新ビオフェルミン®S細粒
欣表飛鳴是許多臺灣父母用來照顧幼童腸道健康的好幫手，因為臺灣尚未上市粉末錠劑型，所以也是許多人赴日採買的重點品項。

☑ LIPOVITAN
リポビタンDX
日本國民元氣健康飲「力保美達D」的錠劑版本。是許多日本上班族用來補充活力的新世代維生素B群。

☑ Livita
プレミアムケア粉末スティック
市面上少見，能夠同時應對偏高血壓、飯後血糖、飯後三酸甘油酯與腸胃狀態的綠茶粉。重點是喝起來還相當美味好入喉！

常見藥妝店
Drugstore

OPEN

ありがとう

オーエスドラッグ
OS藥妝

　　來自大阪，許多日本藥妝掃貨者和代購再也熟悉不過的價格友善型連鎖藥妝。目前日本全國約有70間，在連鎖藥妝店中規模不算大，且至今仍未提供退稅服務，但因為許多重點商品都以驚喜價銷售，仍吸引許多人前往掃貨。OS藥妝的OTC醫藥品品項齊全，但美妝保養品和生活用品相對較少，較適合親朋好友委託代購常備藥時過來一次購齊。

コスモス
COSMOS

　　原為九州地區之連鎖藥妝店，疫情前便開始積極朝向東京與大阪這些城市的藥妝重點激戰區展店。目前日本大約有1,300間分店，但東京與大阪兩地門市總數不到60家。即便如此，COSMOS依舊針對掃貨人氣品項以驚人的破盤價不定時推出購物優惠，在競爭激烈的藥妝市場中殺出一條血路。不過COSMOS藥妝所推出的許多破盤價商品都僅限於第一件商品，第二件起就會回到其他促銷價或正常價，掃貨時一定要注意店內遊戲規則。

マツモトキヨシ
松本清

　　新型態店設計為灰黃色配色的松本清，創立超過90年，全日本門市超過1,900間，在臺灣也積極展店的松本清，可說是華語圈中知名度最高的日本連鎖藥妝。從OTC醫藥品、保健輔助食品到美妝保養品，品項可說是相當齊全。由於知名度高且分店數量多，包括花王、高絲、資生堂在內的美妝大廠，也都會推出松本清專賣版本或限定組合。喜歡特殊版本或限定組合的人，還蠻適合來挖寶的呢！

 ### ココカラファイン
可開嘉來

　　雖然在華人圈的知名度不算高，不過卻是松本清集團的一分子。日本全國擁有超過1,500間分店的可開嘉來，在2021年10月與松本清合併後，成為集團門市約3,500間，日本規模第一大的連鎖藥妝集團。正因如此，許多松本清自有品牌或限定品，也都能在可開嘉來看得到。

 ### アインズ＆トルペ
AINZ&TULPE

　　來自北海道的連鎖藥妝，近年積極向一線大城市的藥妝激戰區展店。例如東京的新宿與銀座，或是大阪的梅田等地，都可見AINZ&TULPE的蹤影。相較於OTC醫藥品，其實美妝保養品才是它的強項，在幾年前將資生堂人氣品牌AYURA納入旗下，許多分店裡都能找到完整的AYURA產品。除此之外，自有品牌LIPS and HIPS也是相當受歡迎的香氛美妝與生活雜貨品牌。其中，位於新宿東口外的分店，更是許多日本美妝迷必訪的藥妝聖地。

 ### ウェルシア藥局
welcia藥局

　　絕大部分的門市都座落在住宅區或郊區，業務也著重在處方箋領藥，因此在華語圈中的存在感相對薄弱。不過這幾年在東京新宿西口開了一家兩層樓的旗艦店，不只是OTC醫藥品和美妝保養品齊全，就連零食和食品類選擇也相當多，感覺就像塞了一間小超商在裡頭。由於地點相當棒，而且是24小時營業，便成為深夜時段中，除唐吉訶德以外的新購物綠洲。

ツルハドラッグ
鶴羽藥妝

　　誕生於北海道旭川市的鶴羽藥妝，其實是一家歷史將近百年的北海道藥妝集團。大部分的分店集中於北海道，不過近年來也強化其在大阪地區的展店計畫，在關西藥妝一級戰區的心齋橋、道頓堀一帶開設許多大型門市。

スギ藥局
SUGI藥局

　　在臺灣與大樹藥局合作跨境購物服務的SUGI藥局，近期內的知名度明顯竄升許多。而在日本境內，SUGI藥局也可說是動作頻頻。原本主攻住宅區的SUGI藥局，在疫情期間大舉在東京的上野、新宿以及大阪的心齋橋等藥妝激戰區展店，大幅提升其門市能見度。

其他常見藥妝店

　　除上述幾個日本藥妝迷熟悉的藥妝店之外，其實北海道隨處可見，在沖繩和臺灣也有分店的「サツドラ」（札幌藥妝），以及日本各地商店街或車站內常見的「コクミン」（國民藥妝）及「サンドラッグ」（尚都樂客），也都是日本當地的知名連鎖藥妝。這些藥妝店都會不定期祭出優惠或獨家商品，有機會的話不妨每家都逛一逛，也許能挖到意想不到的寶哦！

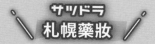

サツドラ
札幌藥妝

コクミン
國民藥妝

サンドラッグ
尚都樂客

常見美妝店
Variety Store

ようこそ

プラザ
PLAZA

　　PLAZA與美妝品牌BCL隸屬同集團，因此包括Saborino早安面膜等產品，都會優先在PLAZA上架，甚至推出PLAZA限定款。除此之外，還經常推出卡通聯名美妝與雜貨，所以相當適合前來挑選具有特色的禮物。

ハンズ
HANDS

　　2022年加入CAINZ集團的HANDS，不僅有美妝保養品，其實HANDS最大的特色是家飾DIY與手工藝材料。對於喜歡自己動手打造個人小天地，或是熱衷於各種手工藝的人來說，這裡絕對是朝聖首選。

ロフト
LoFt

　　LoFt各分店也早已是許多美妝迷指定踩點的購物聖地。不只是美妝保養品以及生活小物齊全，其實LoFt最引以為傲的強項，就是種類多到令人眼花繚亂的文具。對於文具迷來說，這裡絕對是走進來後根本無法空手離開的天堂。

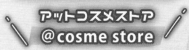

アットコスメストア
@cosme store

　　從中低價位的開架品牌，到高單價的百貨品牌，全都齊聚一堂的美妝店。除在百貨賣場內的分店之外，這幾年積極轉型，在東京原宿和大阪梅田各開了一家主題旗艦店。尤其是位在原宿的旗艦店，堪稱是近期內人氣度極高的美妝購物殿堂。

CHAPTER **3**

日本藥妝 採購前必看攻略

萬家必備常備藥

　　日本藥妝店裡的商品多到數不清,究竟該如何聰明買才能買到真正需要的東西呢?除了前面大國藥妝推薦熱賣單品之外,日本藥粧研究室也為各位整理出眾人必買的藥妝店購物清單,讓你簡單血拚不瞎買。

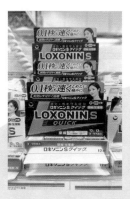

第1類医薬品

LOXONIN

ロキソニンSクイック

🏠 第一三共ヘルスケア

主成分是洛索洛芬鈉水合物,由於藥效快速有感,近年來逐漸成為日本藥妝店熱門止痛藥。

指定第2類医薬品

EVE

イブクイック頭痛薬

🏠 エスエス製薬

相較於價格親民的白盒EVE,藍盒EVE因為添加護胃成分,又主打藥效發揮快,因此有逐漸取代白盒EVE的趨勢。

第3類医薬品

龍角散

龍角散ダイレクト

🏠 龍角散

訪日觀光客幾乎人人必掃的護喉常備藥。入口即化的顆粒劑型,搭配薄荷或桃子兩種討喜的口味,是華人圈人氣最高的止咳化痰良藥。

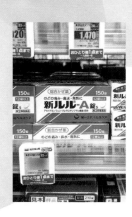

指定第2類医薬品

LULU

新ルル-A錠s

🏠 第一三共ヘルスケア

有著親切好記的名字,是眾多訪日旅客都會指名購買的露露感冒藥。藥錠體積迷你你容易吞服,是全家老小都適用的感冒常備藥。

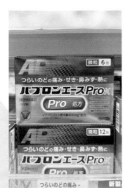

指定
第2類
医薬品

PABRON

パブロン
エースPro-X微粒

🏠 大正製藥

臺灣人訪日必買百保能 GOLD A感冒藥粉的升級 藍金版本。不只是應對 各種感冒症狀的成分升 級,更採用獨家藥粉包 覆技術,能明顯降低入 口時的苦味感。

第2類
医薬品

NAZAL

ナザールスプレー
(ラベンダー)

🏠 佐藤製藥

專門對應鼻塞及流鼻水 症狀的鼻噴劑,紫色版 本使用起來帶有一股淡 淡的薰衣草香。不只深 受日本人信賴,其實也 有不少海外觀光客指定 購買。

第3類
医薬品

ALINAMIN

アリナミン
EXプラスα

🏠 アリナミン製藥

強化抗疲勞成分,合利 他命升級進化版。是近 期內日本藥妝店人氣直 升的維生素B群,有望 成為最新一代的訪日必 掃新神藥。

第2類
医薬品

太田胃散

太田胃散

🏠 太田胃散

歷史超過百年,無論是 在日本或臺灣,都是代 代相傳的護胃家庭常備 藥。

第2類
医薬品

CABAGIN

キャベジンコーワα

🏠 興和

臺人再也熟悉不過,眾 人訪日必買的家庭常備 胃腸藥。胃黏膜修復成 分搭配消化酵素,特別 適合飲食偏油膩的族 群。

第3類
医薬品

TRANSINO®

ホワイトCプレミアム

🏠 第一三共ヘルスケア

日本人氣美白錠的最新 升級版本。主要美白成 分L-半胱胺酸高達240毫 克,維生素C含量更有 2,000毫克,成為全新的 美白錠搶手貨。

第3類 医薬品

Saclophyl

サクロフィール錠

🏠 エーザイ

添加萃取自葉綠素的綠色成分，能對體內產生異味的原因物質直接發揮作用的除味錠。特別適合用來去除飲酒飯後留下的異味，也適合在約會前用來消除壞口氣。想要維持好口氣的人，不妨可以試試看。

指定 第2類 医薬品

口內炎PATCH

口內炎パッチ 大正クイックケア

🏠 大正製藥

臺灣人到日本藥妝店必定掃貨的口內炎貼片。黃盒版本因為添加類固醇成分的關係，藥效會較為顯著，因此相對適合想要快點解決嘴破問題的人。

第2類 医薬品

V ROHTO

Vロート アクティブプレミアム

🏠 ロート製藥

專為高齡者眼睛不易對焦、容易疲勞乾澀，以及淚液分泌不足等問題所開發的紫鑽抗齡眼藥水，近年來逐漸成為必買眼藥之一。

第2類 医薬品

sante

サンテFXネオ

🏠 參天製藥

藥妝店用來攬客的眼藥水熱銷款。有些藥妝店所推出的破盤價，不少人會毫不考慮地買回家作為健康伴手禮。

第2類 医薬品

AD

メンソレータムAD

🏠 ロート製藥

在臺灣被稱為「藍色小護士」的AD乳霜，也是一款殿堂級的家庭常備藥，特別適合用來對應冬天洗澡後那難纏的乾燥癢。

第2類 医薬品

新UNA

新ウナコーワクール

🏠 興和

眾多臺灣人到日本藥妝店時，都會隨手抓兩罐丟進購物籃裡的蚊蟲藥。清涼感恰好處，海綿頭設計可輕鬆將藥水均勻塗抹於蚊蟲叮咬處的止癢液。

經典必敗美妝品

suisai

スイサイ ビューティクリア ゴールド パウダーウォッシュ

🏠 カネボウ化粧品

多年來一直廣受各地華人喜愛的酵素洗顏粉金色滋潤款，額外添加葵花籽油與酪梨油，洗淨同時保有洗後潤澤感。

Melano CC

ディープクリア 酵素洗顔

🏠 ロート製薬

2022年一上巿，就成為開架潔顏乳人氣王。是日本目前唯一的膏狀酵素洗面乳，喜歡酵素潔顏產品優秀潔淨力的人，應該都會愛上它。

菊正宗

日本酒の化粧水 日本酒の乳液

🏠 菊正宗酒造

持續熱賣10年，日本清酒老廠推出的開架水乳組。CP值爆表的大容量包裝，保濕力表現也相當突出。

Hada-Labo

薬用極潤® スキンコンディショナー

🏠 ロート製薬

在樂敦極潤系列中，人氣不斷升高的健康化妝水，相當適合用來安撫不聽話的乾荒痘痘肌。

SOFINA iP

ポア クリアリング
ジェル ウォッシュ

🏠 花王

日本藥妝店這兩年極為熱銷的鼻翼黑頭粉刺的剋星，試過一次就會感動到泛淚的毛孔潔淨凝膠。只要將漆黑色的凝膠塗在黑頭粉刺頑固駐守的部位，按摩約30秒後用水沖淨，就能把毛孔清乾淨。

Melano CC

薬用しみ集中対策
美容液

🏠 ロート製薬

日本藥妝店相當熱銷的開架款精華液。不僅能用於抗斑點，對於乾荒痘痘肌也有不錯的保養效果。

SOFINA

SOFINA iP
ベースケア セラム
土台美容液

🏠 花王

日本碳酸泡前導精華的代名詞，細微碳酸泡，能潤澤並活化肌膚循環，幫後續保養做好前置作業。在2023年秋季最新改版中，大幅提升碳酸精華的滲透力及滑順觸感。

毛穴撫子

お米のマスク

🏠 石澤研究所

自疫情前就持續熱賣的日本國產米保濕面膜，即使過了好幾年，依舊是藥妝店相當熱門的指名採購款。

LuLuLun

ルルルン
プレシャス

🏠 Dr.LuLuLun

日本的殿堂級每日面膜。在美容成分更為講究的LuLuLun Precious系列中，「紅色柔嫩保濕型」更是近年來海外觀光客必敗的每日面膜品項。

BioréUV

アクアリッチ
ウォータリー
エッセンス

🏠 花王

在日獲獎無數，被日本媒體封為殿堂級的超水感防曬。不只是日本，在廣大的華人圈也有相當多忠實愛用者。

MegRhythm

めぐりズム
蒸気で
ホットアイマスク

🏠 花王

日本藥妝愛好者必定使用過的花王美舒律蒸氣眼罩，能讓雙眼及眼周肌膚無死角地接受約20分鐘的溫感蒸氣療癒。

TRANSINO®

薬用メラノシグナル
エッセンス

🏠 第一三共ヘルスケア

許多人的藥妝店採購清單中，都可見這支美白精華的名字。在最新一次改版中，除原有的高滲透力傳明酸配方及濃密質地外，還升級搭配奈米微脂囊體技術和雙重藥用成分，大幅提升美白保養體感。

KATE

リップモンスター

🏠 カネボウ化粧品

日本藥妝店最為熱賣，每次一補貨就會立刻被掃空的怪獸級持久唇膏。想跟上日本美妝潮流的話，記得一看到就立馬掃進購物籃吧！

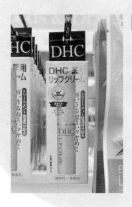

DHC

薬用
リップクリーム

🏠 DHC

價位超親民，加上保濕與潤澤效果都相當出色，因此是許多人大量掃貨當成伴手禮的開架款護唇膏。

消臭元

1滴消臭元

🏠 小林製薬

在上廁所之後，滴入1滴於馬桶水中，就能消除如廁過程中所產生的氣味。在日本，可說是如廁必備的禮貌小物。

YAMAKAN

MCT
大麦若葉粉末

🏠 山本漢方製薬

來自藥妝店最熱銷青汁品牌，添加日清製油熱銷的MCT能量油的青汁。主打特色是能透過中鏈脂肪酸油的作用來減少腰圍並減少體脂肪及內臟脂肪。是目前日本藥妝店中極少數通過機能性表示食品認證的青汁。

日本藥粧研究室
推薦精選

除了經典必敗清單之外，日本藥妝店裡其實還有許多隱藏版好物。在這邊，日本藥粧研究室就為大家精選一些我們私心推薦的潛力好物。

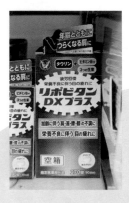

指定
医薬
部外品

LIPOVITAN

リポビタンDXプラス

🏠 大正製薬

大正製薬長銷60年的力保美達推出的錠劑系列加強版本。不只能對抗疲勞，還能改善年齡增長下所出現的肩、頸、腰、膝卡卡不順等問題。

指定
医薬
部外品

Q&P

キューピーコーワ
ヒーリング錠

🏠 KOWA

Q&P最新推出的B群錠。添加三種中藥材搭配五種維生素，是一款不走提神路線，而是訴求讓身體好好休息的新概念產品。

第2類
医薬品

IRIS

アイリスフォン
ブレイク

🏠 大正製薬

清涼感相當強烈且舒服，適合長時間使用智慧型手機的現代人用來應對藍光傷害所引起的眼睛疲勞問題。是多款眼藥水當中，使用起來最有感的新品。

第3類
医薬品

SALONPAS®

サロンパス®
ツボコリ®パッチ

🏠 久光製薬

日本大廠推出的溫感穴道貼布。添加可抑制發炎症狀的中藥成分，能夠針對肌肉疼痛或僵硬部位直接發揮作用。

第2類医薬品

LOXONIN®

ロキソニン®EX テープ

🏠 第一三共ヘルスケア

主要成分為洛索洛芬鈉水合物，搭配l-薄荷醇及維生素E，是許多日本人用來對付難纏肌肉痠痛問題的人氣貼布。

指定医薬部外品

yuskin

ユースキンA

🏠 ユースキン製薬

添加維生素B2及維生素E的淡黃色保濕乳霜。能潤澤乾裂肌膚，也能厚敷於粗糙的腳跟上，使膚觸變得更加柔嫩。

毛穴撫子

お米の洗顔

🏠 石澤研究所

石澤研究所旗下熱門日本國產素材保養系列的最新成員。添加細緻米粉作為去角質成分，搭配能夠吸附毛孔髒汙的天然泥，再加上4種米萃取美肌成分的洗顏粉。能確實潔淨並同時滋潤肌膚，打造毛孔細緻的素顏美肌。

Primavista

スキンプロテクトベース ＜皮脂くずれ防止＞ 超オイリー肌用

🏠 花王

Primavista高人氣控油飾底乳的控油強化版。撥水抗油力極為優秀，就算出油量再多也不怕脫妝。當然，同樣適合出油量爆多的男性使用。

Lu Mild

ル・マイルド® 高保湿化粧水・乳液

🏠 健栄製薬

包裝樸素不起眼，卻因為擁有不凡保濕力而在眾多美妝榜表現亮眼的基礎保養水乳液。相當適合膚質敏弱，想加強保濕的人嘗試。

BioréUV

アクアリッチ 瞬感ミストUV

🏠 花王

採用非氣體加壓瓶身，顛倒過來也能使用的含水防曬珠噴霧，適合放在包包裡隨時為臉部、頭髮、頸背和手腳等部位補擦防曬。

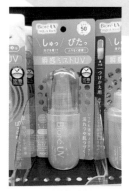

MASCODE

マスコード 3D

🏠 SUNSMILE

最受日本年輕人喜愛，
甚至出現眾多類似品，
堪稱是流行配件的時尚
口罩。採用低敏無刺激
且不易弄髒的帶色無紡
布，即便彩妝蹭到口罩
上也不易被發現。

新谷酵素

夜遅いごはんでも GOLD＋

🏠 新谷酵素

改版升級後，增加活酵
素含量的夜遲酵素黃金
頂級版本。相當適合喜
歡吃油膩食物、甜點以
及碳水化合物的人來阻
斷多餘的吸收。

LuLuLun

薬用ルルルン 美白アクネ

🏠 Dr.LuLuLun

美白成分傳明酸搭配消
炎成分甘草酸，能在發
揮美白效果的同時，安
撫因為長痘痘而處於不
穩狀態的肌膚。獨特的
文青藥袋設計，拿來當
伴手禮也很不錯。

食べる白樺樹液 ＆ハスカップ PURE JELLY

💴 10g×30條 5,500円

白樺樹液藍靛果美肌
凍，主要成分取自北海
道白樺樹，富含礦物質
和膳食纖維的白樺樹液
含量高達78%。以珍貴
的白樺樹液融合富含維
生素C、花青素和鈣質
的藍靛果。微甜果香搭
配滑順口感，是美麗又
具北海道特色的伴手禮
選擇。

SERIE LUSSO FRIZZANTE Mg

💴 80g 4,400円

專業皮膚科醫師監製，基底為濃度高達1萬ppm
的碳酸泡，搭配舒緩緊繃肌肉的鎂，以及保
濕、美白、收斂、抗齡與抗發炎成分的多機能
碳酸泡精華。從日常保養到運動後舒緩肌肉，
可說是功能相當廣泛的新概念保養單品。對於
懶得保養的男性而言，更是一罐可在運動後解
決眾多保養需求的逸品。有別於一般保養品，
主要在運動用品店販賣。

CHAPTER 4

日本醫藥
健康手札2024

百保能

廣受日本家庭信賴
藥妝店長銷綜合感冒藥的金字招牌

品牌誕生於1927年的百保能，在日本藥妝店當中，可說是最為熱銷的家庭常備綜合感冒藥。大部分的感冒不適症狀，都來自於病毒或細菌附著於呼吸道黏膜所引起的發炎症狀，因此百保能便將配方研究重點鎖定在「呼吸道黏膜防禦機能」。同時，順應民眾對於感冒藥的各種需求，開發出許多不同的類別，成為日本當地無人不知的綜合感冒藥領導品牌。

訪日華人指定熱賣款
GOLD A系列

GOLD A系列是眾多臺灣旅客再熟悉不過，走進日本藥妝店幾乎人人必掃的家庭常備綜合感冒藥。許多日本人在覺得身體不太舒服的感冒初期，就會立即拿出百保能GOLD A來對付不適症狀。其人氣爆棚的祕密，不只是藥效備受臺日兩地愛用者肯定，還包括擁有容易服用的藥粉劑型，以及方便攜帶的獨立分包裝等特性。若是不喜歡藥粉的苦味，則能夠選擇配方完全相同的小錠劑版本。

パブロンゴールドA＜微粒＞
パブロンゴールドA＜錠＞

🏠 大正製藥

🧑 12歲以上

指定
第2類
医薬品

微粒タイプ　藥粉
¥ 28包 2,057円
　 44包 3,025円

錠劑タイプ　錠劑
¥ 130錠 2,057円
　 210錠 3,025円

對付難纏感冒症狀進化款
Ace Pro-X系列

相對於臺灣民眾熟悉的紅金版百保能GOLD A，藍金版百保能Ace Pro-X則是用來對付難纏感冒症狀的升級進化版。不少想要立即解決感冒不適症狀的日本人，都將其視為綜合感冒藥首選。從成分來看，退燒止痛成分布洛芬的單日劑量，為OTC医藥品中最高的600毫克，同時還搭配3種止咳祛痰成分。在2023年的進化改版中，更是同時添加兩種能夠應對鼻塞、打噴嚏及流鼻水等鼻炎症狀的成分。藥粉採用獨家包覆技術，能降低入口時的苦味感。在錠劑方面，則是採用速溶技術，讓錠劑中的有效成分能迅速溶解並發揮藥效。

パブロンエースPro-X＜微粒＞
パブロンエースPro-X＜錠＞

🏠 大正製藥

🧑 15歲以上

指定
第2類
医薬品

微粒タイプ　藥粉
¥ 6包 1,518円
　 12包 2,178円

錠劑タイプ　錠劑
¥ 18錠 1,518円
　 36錠 2,178円

巧虎大神加持的
孩童綜合感冒藥定番款
kids系列

對於許多日本的育兒父母來說，百保能的兒童綜合感冒藥也是深受信賴的老字號。依照不同年齡層的兒童服藥特性，開發出糖漿、藥粉以及錠劑三種類型。整體成分著重在改善感冒不適症狀，排除讓孩童服用後會睡不著的咖啡因或其他嗜睡成分。在2023年的品牌形象改版中，特地請來兒童界偶像天王「巧虎」當代言人，在三種劑型的內外包裝，印上不同姿勢的巧虎圖像，讓不喜歡吃藥的小朋友也能乖乖聽話。

パブロンキッズ
かぜシロップ

 糖漿

🏠 大正製藥

👤 3個月～6歲

📋 第2類医薬品

¥ 120mL 990円

3個月以上就能服用的草莓口味感冒糖漿，適合還不會吞服藥粉或藥錠的幼童。

パブロンキッズ
かぜ微粒

 藥粉

🏠 大正製藥

👤 1～10歲

📋 第2類医薬品

¥ 12包 990円

適合1～10歲孩童的草莓口味感冒藥粉。藥粉本身溶解速度快，沒有小朋友討厭的刺鼻苦藥味。

パブロンキッズ
かぜ錠

 錠劑

🏠 大正製藥

👤 5～14歲

📋 第2類医薬品

¥ 40錠 990円

適合5～14歲孩童服用的感冒藥錠。藥錠體積小，且外層包裹著極薄的糖衣，入口時帶有微甜感而容易服用。

©Benesse Corporation 巧虎 is a registered trademark of Benesse Corporation.

綜合感冒藥

指定第2類医薬品

PABRON
パブロンSゴールドW

🏠 大正製薬

¥ 30錠 1,540円 ／ 42錠 1,980円
60錠 2,530円

大正百保能感冒藥系列中，目前最受日本人信賴的版本。整體成分著重於輔助呼吸道潔淨與黏膜修復，藉此抑制引起感冒不適症狀的細菌與病毒繼續作怪。除此之外，同時添加多種成分緩和頭痛、咳嗽及鼻炎等感冒症狀。錠劑較小容易吞服，12歲以上都能服用。

PABRON
パブロンS

指定第2類医薬品

🏠 大正製薬

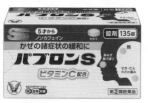

¥ 75錠 1,320円 ／ 135錠 2,200円
180錠 2,640円

2023年8月上市的最新大正百保能感冒藥。承襲系列共通的退燒止痛、祛痰止咳以及鼻炎應對成分，同時新增感冒時容易消耗的維生素C。錠劑更小易吞服，採用乙醯胺酚且不含咖啡因，適合年滿5歲的全家大小作為家庭感冒常備藥。

指定第2類医薬品

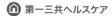

LULU
新ルルA
ゴールドDXα

🏠 第一三共ヘルスケア

¥ 30錠 1,100円 ／ 60錠 1,870円
90錠 2,200円

Lulu感冒藥的配方升級版，能強化應對各種不同感冒症狀，更添加了第一三共原廠的傳明酸成分，用以有感舒緩喉嚨腫痛造成的不適感。

指定第2類医薬品

COLGEN KOWA
コルゲンコーワIB錠TXα

🏠 興和

¥ 27錠 1,628円

添加7種有效成分，能全面應對各種感冒症狀的綜合感冒藥。相較於其他綜合感冒藥的獨特之處，在於同時添加鎮痛解熱成分布洛芬與抗炎成分傳明酸，因此偏向適合感冒時喉嚨腫痛問題較為明顯的人。

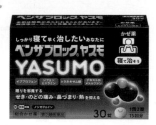

BENZABLOCK
ベンザブロックYASUMO

🏠 アリナミン製薬

💴 18錠 1,298円 ／ 30錠 1,738円

能夠全面應對各種影響睡眠的感冒症狀，一款提倡感冒時就應該好好休息的綜合感冒藥。添加7種有效成分，包括退燒消炎止痛、祛痰止咳及鼻炎相關成分。採用第一代抗組織胺，服用後容易感到有睏覺感，因此適合想好好休息時服用。

Lulu Attack
ルルアタック プレミアム

 第一三共ヘルスケア

💴 36錠 2,420円

Lulu感冒藥家族中的高級強化版系列。採用「速攻技術製法」，讓止痛成分布洛芬能快速溶解並發揮作用。特別針對喉嚨痛、鼻涕與咳嗽等感冒常見的三大症狀，推出強化特定成分的類型，患者可依自身感受與症狀來選擇適合的綜合感冒藥。

ルルアタック EXプレミアム
強化應對吞口水也覺得疼痛難耐的喉嚨痛。

ルルアタック NXプレミアム
強化應對流鼻水、鼻塞等鼻炎症狀。

ルルアタック CXプレミアム
強化應對夜間難以入眠的咳嗽、痰液症狀。

STAC
新エスタック顆粒

🏠 エスエス製薬

💴 36包 3,850円

採用中藥「葛根湯加桔梗」為基底，再搭配退燒止痛與抗組織胺成分，是一款適合在感冒初期服用，應對喉嚨痛、咳嗽和痰液等症狀的顆粒藥粉型綜合感冒藥。

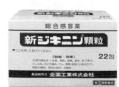

JIKININ
新ジキニン顆粒

🏠 全薬工業

💴 22包 2,640円

日本藥妝店中少數搭配甘草萃取物與西藥成分的綜合感冒藥。主打藥效溫和，因此適合全家大小服用，在日本銷售排行榜上經常可見其蹤影，也是不少臺灣人所慣用的家庭常備藥。另一個特色是成分中甘草天然的甘甜味，能消除感冒藥粉常見的苦味問題。

ゴホン！といえば

龍角散
Ryukakusan

龍角散
日本的喉嚨健康用藥代名詞
誕生自秋田藩主御醫之手
代代相傳200餘年

在日本傳用超過200年的龍角散，一直是大家覺得喉嚨不舒服時第一個想起的家庭常備藥，在後疫情時代更是如此。現今重視喉嚨健康的人變多，更加提升龍角散在世人生活中的重要性。其獨特且無可取代的特性，正是龍角散人氣歷久不衰的祕密之一。

龍角散

🏠 龍角散

¥ 20g　858円
43g 1,540円
90g 2,486円

🔍 桔梗末、杏仁末、遠志末、甘草末

💊 咳嗽・咳痰・喉嚨發炎所引發之聲音沙啞、喉嚨乾、喉嚨不適、喉嚨疼痛、喉嚨腫脹等症狀

龍角散家族的元老，出自擔任秋田藩御醫的藤井家之手，歷經數次改良，在日本流傳超過200年的喉嚨健康用藥。

無論是在日本或臺灣，龍角散都是人人耳熟能詳、備受信賴的家庭常備藥。每當咳嗽或喉嚨不舒服時，就會立刻想起抽屜裡那個閃閃發亮的鋁罐。

龍角散藥粉極為細緻，微粉末生藥成分直接對喉嚨黏膜發揮作用，使纖毛運動恢復正常，從而緩解咳嗽・咳痰・喉嚨發炎所引發之聲音沙啞、喉嚨乾、喉嚨不適、喉嚨疼痛、喉嚨腫脹等症狀。在服用時不可搭配開水，才能達到最佳藥效。

第3類
医薬品

※務必仔細閱讀使用説明，並遵照用法・用量正確服用

百年老藥創新改良
提升服用方便性
龍角散清喉直爽系列

龍角散清喉直爽系列承襲百年老藥的護喉配方，製作成入口即化的顆粒型與含服不咀嚼的口含錠兩種類型。對於不擅長服用粉狀藥物的人來說，是相當方便的選擇，加上容易服用的薄荷、水蜜桃以及芒果口味，大大降低服藥的抗拒感。由於不需要搭配開水就可服用的特色，以及考量到攜帶便利性的獨立包裝設計，使服用的時間與地點就更加自由不受限。通常建議一天最多服用6次，且每次間隔須超過2小時。

龍角散ダイレクト スティック
ミント・ピーチ

🏠 龍角散

💴 16包 770円

🔍 桔梗末、遠志末、甘草末、杏仁、
人參末、阿仙藥末

🦋 咳痰・咳嗽・喉嚨發炎所引發之聲音
沙啞、喉嚨乾、喉嚨不適等症狀

龍角散改良後成為更容易吞服的顆粒版本。水藍色包裝為薄荷口味，粉紅色包裝則是水蜜桃口味。
由於口味及包裝設計討喜，成為近年來臺灣旅客赴日必買的注目商品。相較於傳統圓鋁罐，條狀分包裝設計攜帶方便，而且採用無糖配方，睡前也能安心服用。

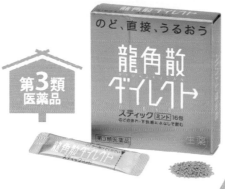

龍角散ダイレクト トローチ
マンゴーR

🏠 龍角散

💴 20錠 660円

🔍 桔梗末、杏仁、遠志末、甘草末

🦋 咳嗽・咳痰・喉嚨發炎所引發
之聲音沙啞、喉嚨乾、喉嚨不適、
喉嚨疼痛、喉嚨腫脹等症狀

含有微細粉末生藥成分的口含錠。帶有舒服的清涼感以及淡淡的芒果香氣，建議在喉嚨覺得不舒服或疼痛時含在口中慢慢融化。

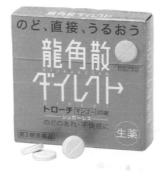

喉嚨不適用藥

PABRON
パブロンのど錠

🏠 大正製薬

第3類 医薬品

¥ 18錠 1,320円 ／ 36錠 2,420円

專為扁桃腺發炎，或是乾燥、菸酒、K歌等原因所引發的咽喉發炎，而研發的喉嚨疼痛錠。採用不須配水即可服用的口含錠劑型，而且餐前餐後皆可服用，便利性相當高。適合沒有其他不適症狀，僅喉嚨感到疼痛時服用。

VICKS
メディカルトローチL

🏠 大正製薬

第2類 医薬品

¥ 24錠 770円

添加殺菌成分CPC，能舒緩喉嚨乾痛的口含錠。同時搭配止咳祛痰成分，適合在感冒時用來舒緩喉嚨不適症狀。口味是清爽微甜的蜂蜜檸檬風味，只要年滿8歲以上皆可使用。建議一天服用上限為6次，且每次須間隔2小時以上。

第3類 医薬品

PELACK
ペラックT細粒クール

🏠 第一三共ヘルスケア

¥ 10包 1,430円

主成分為具備消炎作用的傳明酸，搭配3種能夠修復黏膜的維生素，專為喉嚨痛、扁桃腺腫脹以及口內炎問題所開發的藥粉。7歲以上就能服用，且服用時帶有舒服的清涼感，能舒緩喉嚨疼痛時的腫熱感。

第3類 医薬品

HARENURSE
ハレナース

🏠 小林製薬

¥ 18包 2,541円

專為扁桃腺脹不適症狀所開發，添加兩種抗發炎成分，服用時會有一股舒服的清涼感。顆粒藥粉劑型入口即化，不須搭配開水也能服用。

指定
医藥
部外品

VICKS
メディケイテッドスプレー

🏠 大正製薬

¥ 15mL　990円

添加殺菌成分CPC，可用來為口腔進行消毒殺菌的口腔噴霧。適合在感冒時用來舒緩喉嚨發炎所引起的喉嚨痛或聲音沙啞等症狀。噴霧本身為清爽的檸檬風味，其實也很適合在長時間戴口罩時用來清新口氣。

第**3**類
医藥品

NODOGLE
のどぬ～る
スプレー EXクール

🏠 小林製藥

¥ 15mL　1,210円

專門對付喉嚨疼痛問題的喉嚨噴霧。不僅具有能舒緩疼痛的強力清涼感，還能針對患部進行殺菌。特殊的長噴嘴設計，方便使用時能更精準地將藥劑噴灑在喉嚨不舒服的部位。

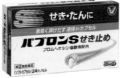

指定
第**2**類
医藥品

PABRON
パブロンSせき止め

🏠 大正製藥

¥ 12顆　858円　／　24顆　1,606円

專為止咳祛痰需求所開發的止咳軟膠囊。主成分是用於改善難纏咳嗽與痰液症狀的鹽酸布朗信。除此之外，還同時搭配多種止咳、支氣管擴張劑與抗組織胺成分，能對咳嗽與濃痰發揮作用。

指定
第**2**類
医藥品

PRECOL
プレコール持続性せき止めカプセル

🏠 第一三井ヘルスケア

¥ 12顆　1,100円　／　24顆　1,815円

添加三種祛痰止咳成分，搭配抗組織胺的長效止咳膠囊，一天只需要服用兩次，所以適合工作忙碌的上班族或無法經常服藥的人。

指定
第**2**類
医藥品

ANETON
アネトンせき止め液

🏠 アリナミン製薬

¥ 100mL　1,540円

添加5種祛痰止咳成分的止咳藥水。重點成分是能夠抑制咳嗽中樞，止咳效果相當優秀的磷酸可待因水合物，是許多日本人用來對付難纏咳嗽症狀的常備藥。藥水本身是清爽的檸檬茶風味。

指定
第**2**類
医藥品

せき止め錠OR

🏠 奧田製薬

¥ 30錠　1,408円

添加5種祛痰止咳成分的止咳錠，對於帶痰液的濕咳與過敏性咳嗽能發揮優秀的作用。最獨特的地方，是另外搭配中藥材麥門冬，也能特別用於應對支氣管發炎所引起的肺燥乾咳症狀。

止痛藥

指定第2類医薬品

NARON
ナロンエースT

🏠 大正製薬

💴 24錠 902円 ／ 48錠 1,760円

大正製藥NARON止痛藥系列中的經典基本款。同時添加布洛芬、鄰乙氧苯甲醯胺等兩種主要止痛成分及兩種輔助配方。在成分組合上,與某款臺灣人赴日必掃的止痛神藥相同,是許多日本人止痛類常備藥的人氣選擇。特別的是採布洛芬速溶製劑技術,在藥效發揮速度上的表現也備受愛用者肯定。

指定第2類医薬品

NARON
ナロンエース
プレミアム

🏠 大正製薬

💴 12錠 660円 ／ 24錠 1,188円

大正製藥NARON止痛藥系列中的強效升級版。布洛芬及鄰乙氧苯甲醯胺這兩種止痛成分的劑量皆提升,同時也添加護胃成分。同樣採布洛芬速溶製劑技術,訴求能夠快速有效地應對頭痛或生理痛等症狀。

第1類医薬品

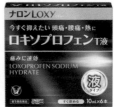

NARON
ナロンm

第2類医薬品

🏠 大正製薬

💴 24錠 858円

大正製藥NARON止痛藥系列中的最新成員,主成分是訴求溫和較不傷胃的乙醯胺酚。除了護胃成分之外,還搭配發燒時容易消耗而不足的維生素B1與B2。服用後不易嗜睡,7歲以上就能服用。

NARON
ロキソプロフェンT液

🏠 大正製薬

💴 6條 998円

大正製藥NARON止痛藥系列中藥效最為優秀、被歸類為第一類醫藥品的洛索洛芬鈉水合物製劑,劑型是目前市面上相當少見、強調速效特色的液態止痛藥。分條包裝,每條為一次的服用量,很適合用來應對外出或開會時突發的頭痛問題。

第1類 医薬品

LOXONIN®
ロキソニン®Sクイック

🏠 第一三共ヘルスケア

¥ 12錠　877円

來自於洛索洛芬鈉水合物研發藥廠，在日本建立全新
OTC止痛藥類別的品牌。止痛成分洛索洛芬鈉水合物
搭配護胃成分矽酸鎂鋁，採速崩溶解製劑技術，能在
短時間內快速發揮優秀的效果。

第2類 医薬品

プレミナスACa

🏠 奧田製藥

¥ 30錠　1,078円

成分相當單純，只有訴求溫和較不傷胃的乙醯胺酚，
是一款7歲以上就能服用，能用來應對全家大小疼痛
與發燒問題的家庭常備藥。藥物成分本身不容易引起
嗜睡，因此服用後也不會影響日常生活。

指定 第2類 医薬品

EVE
イブクイック頭痛薬

🏠 エスエス製藥

¥ 60錠　2,970円

EVE A止痛藥的強化版本，止痛成分基本上與白盒版
本完全相同，但額外添加護胃成分，且採用速溶製劑
技術，能讓藥效更快發揮作用。

指定 第2類 医薬品

BUFFERIN
バファリン プレミアムDX

🏠 ライオン

¥ 20錠　1,188円

BUFFERIN止痛藥品牌中PREMIUM DX是對於頭痛難
忍而追求快速有效時的解熱鎮痛藥，每次的使用劑量
較經典版本多加了20%成分，為品牌中目前止痛成分
劑量最高的版本。速解速溶小錠劑可快速發揮作用，
搭配對胃溫和成分，是不少日本人的止痛藥選擇。

for
WOMEN

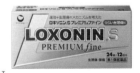

LOXONIN®
ロキソニン®S
プレミアムファイン

第1類 医薬品

🏠 第一三共ヘルスケア

¥ 24錠　877円

新止痛神藥品牌LOXONIN S於2023年最新推出的生
理止痛藥。主成分是洛索洛芬鈉水合物，搭配可抑制
子宮過度收縮的芍藥乾燥萃取物，以及能夠促進循環
以緩解疼痛感的橙皮苷。由於屬於第1類医薬品，所
以只能在藥劑師執業的藥妝店中找得到。

for
WOMEN

L·PAIN
エルペインコーワ

指定 第2類 医薬品

🏠 興和

¥ 12錠　1,078円

一大只需要服用一次，專為女性所研發的生理痛專用
藥。除了常見的止痛成分布洛芬之外，最重要的成分
是能夠抑制子宮或腸管過度收縮而引發下腹悶痛的
「溴化正丁基東莨菪鹼」。由於是生理痛專用藥物，
僅限於女性有生理痛問題時才可服用。

鼻炎過敏用藥

指定
第2類
医薬品

PABRON
パブロン鼻炎カプセルSα

🏠 大正製薬

💴 24顆 1,320円 ／ 48顆 2,200円

針對急性鼻炎與過敏性鼻炎所研發的長效型鼻炎膠囊。膠囊中的白色顆粒可快速溶解，立即發揮藥效；橘色顆粒則會緩慢溶解，長時間發揮藥效。因此一天只須服用兩次，即可緩解鼻炎問題。

COLGEN KOWA
コルゲンコーワ
鼻炎フィルムα

第2類
医薬品

🏠 興和

💴 9片 1,078円

同時添加三種能夠應對鼻炎症狀成分的鼻炎藥。最為特別的地方，是劑型採用相當少見的薄片狀。輕薄如紙，攜帶方便不占空間，含入口中就會立即溶解並發揮藥效，所以就算手邊沒有開水也沒問題。服用時會有一股清涼的薄荷涼感，能舒緩鼻炎引起的不適。

第2類
医薬品

ALLEGRA
アレグラFX

🏠 久光製薬

💴 56錠 3,850円

主成分為次世代抗組織胺——鹽酸非索非那定，是不少日本人在季節轉換之際，用來對付過敏性鼻炎的常備用藥。主打特色是較不易嗜睡、不易口渴以及空腹也能服用。服用方式為早晚各一次。

第2類
医薬品

PABRON
パブロン点鼻

🏠 大正製薬

💴 30mL 1,518円

適用於應對急性鼻炎、過敏性鼻炎或鼻竇炎所引起之鼻塞、流鼻水或打噴嚏等症狀的鼻用噴霧。噴霧本身相當細微，能均勻地噴灑在鼻腔當中。考量使用上的衛生性，容器為防逆流定量噴霧設計。此類鼻用噴霧，通常建議一天不要使用超過6次。

指定
第2類
医薬品

AG
アレルカットEXc

🏠 第一三共ヘルスケア

💴 10mL　1,980円

主成分為類固醇貝克每松，18歲以上才能使用的季
節性過敏專用鼻噴霧。不同於一般鼻噴霧，不僅適用
年齡較高，且因屬長效型噴劑的關係，一天只須使用
兩次。藥劑本身添加薄荷醇與薄荷油，使用起來帶有
明顯的清涼感。

第2類
医薬品

ケナリス
点鼻薬

🏠 奥田製薬

💴 30mL　1,650円

添加血管收縮、消炎與抗過敏成分的鼻噴霧，適用於
舒緩急性鼻炎、過敏性鼻炎或鼻竇炎所引起的鼻塞、
流鼻水及打噴嚏等症狀。較為特別的地方，在於添加
局部麻醉成分，因此在刺激傳痛感與疼痛感的表現會
較顯著一些。此類鼻用噴霧，通常建議一天不要使用
超過6次。

第2類
医薬品

NAZAL
ナザールスプレー
（ラベンダー）

🏠 佐藤製薬

💴 30mL　1,298円

帶有淡淡薰衣草香的鼻用噴霧，主成分為血管收縮
劑、抗組織胺及殺菌成分，主要用於應對鼻塞或流鼻
水等過敏性鼻炎相關症狀。此類鼻用噴霧，通常建議
一天不要使用超過6次。

Hananoa
ハナノア
シャワータイプ

🏠 小林製薬

💴 洗浄器具＋専用洗浄液
　　500mL　1,243円

適合在感冒或是過敏時，用來清洗鼻腔的洗鼻組。內
含一個洗鼻器和一罐洗鼻液。洗鼻液本身成分組合與
人體的體液相近，所以使用起來較不會有刺激感，反
而會有一股淡淡的薄荷清涼感。

表飛鳴
跨越世代的長銷腸活專業品牌
兼顧腸道健康與減重美容

在許多臺灣人心目中，表飛鳴向來是赴日購物清單中必見的腸道健康產品。品牌誕生已超過百年的表飛鳴，不只是日本家庭中必備的腸道環境改善品，對於許多臺灣的育兒父母而言，尚未引進臺灣的表飛鳴細粒，更是改善嬰幼兒便祕或軟便情況的神藥。近年來有醫學研究指出，腸道健康與身體的平衡息息相關。在這波重視腸道健康的「腸活」風潮下，表飛鳴更是一躍成為年輕世代調節腸道菌叢狀態的法寶。正因為如此，表飛鳴在日本再度翻紅，成為跨越世代的長銷型腸活品牌。

輔助腸道環境調整
表飛鳴加強進化版
欣表飛鳴S系列

表飛鳴最早誕生於1917年，歷經數次進化改版之後，最後在1987年推出長銷至今的欣表飛鳴S系列。該產品從眾多乳酸菌當中，嚴選出比菲德氏菌、糞腸球菌以及嗜酸乳桿菌這些人體腸道中的常駐菌種。這些乳酸菌在漫長的進化過程中，變得能與人體共存，並能長時間滯留於人體腸道，因此才能發揮維持腸道健康的效果。

新ビオフェルミン® S錠

🏠 大正製薬

¥ 350錠 2,602円

添加3種乳酸菌，可用於緩解便祕、軟便或腹脹等腸道健康問題。只要年滿5歲，全家從小到老都可服用。

新ビオフェルミン® S細粒

🏠 大正製薬

¥ 45g 1,186円

添加3種乳酸菌，出生後3個月以上就可服用。採用嬰幼兒方便服用的細粒劑型。目前只在日本國內販售，因此成為許多家長赴日必買的胃腸類常備藥。

守護腸道健康與改善排便狀態的 **表飛鳴家族成員**

新增龍根菌的
進化版
欣表飛鳴S PLUS

結合3種維生素的
美肌版表飛鳴VC

指定 医薬 部外品

新ビオフェルミン®
Sプラス錠

 大正製薬

¥ 360錠 2,904円

除原有的比菲德氏菌、糞腸球菌以及嗜酸乳桿菌，
額外添加能夠抑制壞菌牛長的龍根菌。對於軟便、
便祕及腹脹等腸道健康問題，能發揮更加優秀的作
用。除了5歲以上就可服用的錠劑外，同樣有3個月
以上就能服用的細粒劑型。

第3類 医薬品

ビオフェルミン®
VC

大正製薬

¥ 360錠 3,960円

採用比菲德氏菌以及乳酸桿菌為基底，搭配能夠抑
制壞菌生長的維生素C，以及有助於好菌生長的維生
素B_2和B_6。相當適合飲食習慣不佳，或是進食時間不
規律的現代上班族用來調節腸道健康。除此之外，
也很適合外出旅行時，用來應對因為環境與飲食變
化所造成的腸內環境問題。

調節腸道健康
兼消除多餘氣體
表飛鳴整腸咀嚼錠

不易產生依賴性
及腹痛的溫和配方
表飛鳴氧化鎂
便祕薬

第3類 医薬品

ビオフェルミン®
ぽっこり整腸チュアブル®a

大正製薬

¥ 60錠 2,090円

基底為比菲德氏菌以及嗜酸乳桿菌等兩種表飛鳴招
牌好菌成分、幫助乳酸菌生長的泛酸鈣，再搭配有
助排便順暢的洋車前草取物，以及能夠消除腸道氣
泡的消泡劑。對於經常腹脹或是排氣量偏多的忙碌
現代人來說，是一款能夠兼顧腸道健康與排氣禮儀
的產品。不須搭配開水就能服用的優格風味咀嚼
錠，就算工作再忙也能隨時隨地簡單服用。

第3類 医薬品

ビオフェルミン®
酸化マグネシウム便秘薬

大正製薬

¥ 90錠 1,320円

主成分是能夠改善排便狀態，但不易引起腹痛不適
感的氧化鎂，搭配表飛鳴引以為傲的整腸乳酸菌，
可幫助排便狀態更加自然順暢。年滿5歲就能服用，
是一瓶能夠解決全家大小便祕困擾的常備藥。

止瀉便祕藥

Colac
コーラックⅡ

第2類医薬品

🏠 大正製薬

¥ 40錠 715円 ／ 80錠 1,320円 ／ 120錠 1,870円

日本藥妝店最熱銷的便祕藥之一。五層構造的小型錠劑，能讓有效成分通過胃酸，直達腸道發揮作用。同時搭配DSS成分，能幫助水分滲透至乾硬的糞便中，特別適合用來對付糞便乾硬型便祕問題。通常在服用6～11小時後便可發揮藥效，建議先依個人時間安排，推算出最適合的服藥時間。

指定 第2類 医薬品

第2類 医薬品

WithOne
ウィズワンエル

🏠 ゼリア新薬工業

¥ 12包 1,026円

主成分為遇水會膨脹的車前子，用其膳食纖維來輔助排便的便祕藥。配合能夠調節腸道狀態的乳酸菌，顆粒藥本身也帶有淡淡的優格甜香。3歲以上就能服用，不須咀嚼，搭配180mL的水直接吞服。

大地の漢方便秘薬

🏠 アリナミン製薬

¥ 65錠 1,518円 ／ 120錠 2,618円
180錠 3,608円

合利他命製薬獨立後將原本的「武田の漢方便秘薬」更名為「大地の漢方便秘薬」。根據東漢醫藥經典《金匱要略》中的大黃甘草湯藥方，採用日本國產信州大黃所調製而成的漢方便祕藥。主打特色為不過度刺激，力求接近自然排便的效果。

第2類 医薬品

指定 第2類 医薬品

BIOFERMIN®
ビオフェルミン®下痢止め

🏠 大正製薬

¥ 30錠 1,100円

腸道健康專家「表飛鳴」所推出的止瀉藥。主要利用中藥材成分來緩和腹瀉時的腹痛症狀，同時輔助修復受損的腸道黏膜，再搭配小蘗鹼發揮殺菌及收斂小腸異常運動。另一個特色，就是加入表飛鳴拿手的比菲德氏菌，用以調節腸道環境。

TOMEDAIN
トメダインコーワフィルム

🏠 興和

¥ 6片 1,078円

專為飲食過量或因著涼等原因而引起突發之非感染性腹瀉問題所研發的止瀉藥。採用入口即化的獨特薄片劑型，不配水也能服用，很適合放在錢包或證件袋中以備不時之需。

太田漢方胃腸藥Ⅱ
利用漢方之力調節紊亂的自律神經 安撫現代人的壓力胃

不只是大吃大喝或年齡增長帶來的消化機能退化問題讓人感到胃部不適，其實煩惱、焦慮以及緊張等情緒，也會造成自律神經紊亂，進而引發神經性胃炎或是慢性胃炎等狀況。

針對現代人的「壓力胃」問題，華人熟悉的百年藥廠——太田胃散，採用漢方處方「安中散加茯苓」，透過調整自律神經、中和過多胃酸以及緩和胃痛等效果，來改善神經性胃炎或慢性胃炎所帶來的胃痛、胃悶、噁心、火燒心以及食欲不振等症狀。相當適合平時**工作壓力大、容易操勞，或是明明沒有大吃大喝，卻經常感到胃部不適**的人。

同配方與劑量
自由挑選方便服用的劑型

太田漢方胃腸藥Ⅱ的另一個特色，就是同時推出顆粒劑與錠劑兩種劑型。對於吞嚥能力比較弱的人來說，易於溶解的顆粒劑型是不錯的選擇；另一方面，若是不喜歡中藥粉的氣味，則可以選擇草藥味較淡的錠劑。

顆粒

太田漢方胃腸藥Ⅱ

🏠 太田胃散

第**2**類
医薬品

¥ 14包 1,078円 ／ 34包 2,420円

個別分包裝，攜帶上更方便。

錠劑

太田漢方胃腸藥Ⅱ＜錠劑＞

🏠 太田胃散

第**2**類
医薬品

¥ 54錠 1,078円 ／ 120錠 2,046円

54錠為個別分包裝，方便隨身攜帶。120錠為玻璃瓶裝，適合放在家中或辦公室的抽屜裡。

「食間」服用是什麼？

太田漢方胃腸藥Ⅱ的服用時機為餐間，而餐間意指兩餐之間服用，更仔細的說，是在餐後大約2～3小時服用。其實最主要的目的是在空腹時服用，因此用餐前也能服用。

胃腸藥

大正漢方胃腸薬
〈微粒〉

🏠 大正製薬

第2類医薬品

¥ 48包 2,860円

以健胃藥方「安中散」為底，搭配能消除胃部緊張感之「芍藥甘草湯」所調製而成，適合容易感到壓力大或飲食不規律的忙碌現代人。建議服用時間點為餐前或餐間。

CABAGIN KOWA
キャベジンコーワ
α顆粒

🏠 興和

第2類医薬品

¥ 56包 2,178円

臺灣人赴日必掃的胃腸神藥——克潰精顆粒粉末分包版本。主打胃黏膜修復成分MMSC，再搭配多種健胃、制酸及消化酵素，相當適合料理偏油膩的華人使用。

太田胃散
〈分包〉

🏠 太田胃散

第2類医薬品

¥ 48包 1,738円

添加了7種健胃中藥材、4種作用時間不同的制酸劑，以及可幫助澱粉與蛋白質消化的消化酵素，可用來應對多種胃部不適症狀。藥粉本身相當細緻，不只有中藥材的芳香，更因為添加有清涼感的薄荷醇，所以服用時會感到相當清爽的清涼感。

第2類医薬品

奧田胃腸薬
〈錠劑〉

🏠 奧田製薬

¥ 210錠 2,090円 / 400錠 3,630円

歷史最早可追溯至將近130年前的明治時代，可說是日本最具歷史的胃腸藥之一。添加12種天然中藥材成分與1種制酸劑成分，透過成分間相輔相成的作用，改善各種胃腸不適問題，在最為自然的狀態下，幫助胃腸恢復健康。

第3類医薬品

大草胃腸散
顆粒(分包)

🏠 大草薬品

¥ 22包 1,540円 / 46包 2,640円
88包 4,290円

長銷近90年的一款「隱藏版」胃腸神藥。最大特色就是平衡調合了8種中藥成分，不限體質皆可服用。不僅能緩解一般消化不良所引起的腸胃不適，所添加的桂皮、茴香、丁香、牡蠣等「補氣劑」，也能同時應對壓力過大等原因所引起的神經性相關胃痛等問題。

第一三共胃腸薬
第一三共胃腸薬〈細粒〉s

🏠 第一三共ヘルスケア

第2類医薬品

💴 32包 1,595円 / 60包 2,585円

同時具備健胃、止痛、制酸、胃黏膜修復以及促進消化等五種機能的多機能胃腸藥散，能夠廣泛應對各種消化不良以及胃酸分泌過多時所引發的胃部不適症狀。

第2類医薬品

NEW SELBELLE
新セルベール整胃プレミアム〈錠〉

🏠 エーザイ

💴 18錠 1,045円 / 36錠 1,980円
72錠 2,970円

適合胃部活動力差，經常出現胃悶或消化不良等問題的人用來調理胃部狀態。添加兩種能夠促進胃部活動的中藥材成分，搭配胃黏膜保護成分替瑞酮，防止胃黏膜受胃酸刺激。另一個特色，就是添加脂肪酶，能對付飲食過於油膩所引起的胃悶不適。

第1類医薬品

Gaster 10
ガスター10錠剤

🏠 第一三共ヘルスケア

💴 6錠 1,078円 / 12錠 1,738円

主成分為H_2受體阻抗劑，適用於應對胃酸分泌過多所引起的胃痛及胃悶等症狀。糖衣錠本身體積小容易吞服，一天最多服用兩次，不建議15歲以下及80歲以上的族群服用。

指定医薬部外品

BIO-THREE
ビオスリーH

🏠 アリナミン製薬

💴 1g×36包 1,518円

百腸益H搭配3種有助腸道菌叢健康及改善大腸防禦機能的活性菌，是一款滿3個月以上嬰兒即可服用的整腸粉。可應對便祕、軟便或腹脹等常見症狀。分包裝方便攜帶，建議於餐後服用。

第3類医薬品

THE GUARD
ザ・ガードコーワ
整腸錠α^3+

🏠 興和

💴 350錠 3,058円

添加克? 精所主打的胃黏膜修復成分MMSC，再搭配兩種乳酸菌、納豆菌以及多種健胃制酸成分。雖然主打整腸機能，但從成分組合來看，可說是一款結合胃藥機能，並輔助大腸狀態正常化的整腸錠。

力保美達

牛磺酸研究第一把交椅
日本元氣補充飲領導先驅

是怎樣的一瓶元氣補充飲，可以在日本熱賣超過60年，甚至成為日本營養補充界的創新始祖？誕生於1960年代的力保美達，是以「冰過再喝的藥品」這樣的概念問世，這在當年堪稱是前所未有的概念。不但在一開始就引爆話題，更是一路長銷至今，成為日本人心目中的元氣營養補充品領導品牌。

主成分──牛磺酸
輔助產生能量！

大正製藥自1960年代便開始研究牛磺酸對於人體健康的益處，並以牛磺酸為主成分，推出日本無人不知曉，行銷全球超過十多個國家的力保美達D元氣飲。牛磺酸普遍為人所知的效果，包括降低膽固醇與三酸甘油脂、輔助血壓維持正常以及強化肝臟解毒能力，因此力保美達在日本，向來是忙碌上班族用來照顧自己的祕密法寶。

大正製藥在2020年以力保美達D的主打成分──牛磺酸為基礎，鎖定上班族與中高齡層常見的肌力和體力困擾，同時推出共有三種選擇類型的力保美達DX系列。每天服用一次，就能應對日常疲勞或增齡所帶來的行動力問題。

指定医薬部外品

リポビタンDX

🏠 大正製薬

¥ 90錠　4,268円
　 180錠　6,468円
　 270錠　8,668円

難以入眠或睡醒仍覺得疲累

添加牛磺酸以及維生素B₁、B₂、B₆的營養補充錠，可促進人體產生能量，進而發揮改善疲勞與增強活力的效果。此外，還添加助眠系胺基酸甘胺酸以及中藥材刺五加，有助於輔助改善年齡增長下所引起的睡眠品質不佳問題（不易入眠、淺眠、睡不飽）。推薦給每天努力工作打拚的上班族。

伴隨增齡出現的肌力衰退

指定医薬部外品

リポビタンDXアミノ

🏠 大正製薬

¥ 90錠　4,488円
　 180錠　6,688円
　 270錠　8,888円

以牛磺酸與維生素B群為基底，搭配BCAA（支鏈胺基酸）以輔助改善伴隨增齡出現的肌力衰退。推薦給每天總是感到疲勞和年齡增長後覺得自身肌力衰退或骨骼退化的族群。

指定医薬部外品

リポビタンDXプラス

🏠 大正製薬

¥ 90錠　4,488円
　 180錠　6,688円
　 270錠　8,888円

年齡增長下出現的肩、頸、腰、膝蓋卡卡不順與眼睛疲勞

除了力保美達家族的四大關鍵成分外，還添加能夠輔助改善營養不良引起之眼睛疲勞的維生素B₁₂、輔助改善因為增齡而出現肩、頸、腰、膝不順的杜仲，以及可輔助改善四肢易冰冷的當歸。不能夠用來消除疲勞，也很推薦用來對付營養不良引起的眼睛疲勞問題，以及年齡增長下所出現的肩、頸、腰、膝卡卡不順。

維生素

Chocola BB チョコラBBプラス

第3類 医薬品

🏠 エーザイ

¥ 60錠 1,408円 / 120錠 2,618円
180錠 3,718円 / 250錠 4,928円

主成分為5種能輔助活化肌膚細胞與維持黏膜健康的維生素B群。從成分定位上來看，比較偏向美肌型維生素B群製劑，可用來應對肌膚乾荒、痘痘甚至是嘴破、嘴角發炎等因維生素B缺乏造成的問題。

TRANSINO® ホワイトCプレミアム

第3類 医薬品

🏠 第一三共ヘルスケア

¥ 180錠 3,520円

TRANSINO美白錠的進化升級版。不只是L-半胱氨酸為最高劑量的240毫克，就連維生素C的添加量也加倍高達2,000毫克。特別適合針對變濃且難以透過底妝遮飾的黑斑進行集中式調理。

TRANSINO® トランシーノEX

第1類 医薬品

🏠 第一三共ヘルスケア

¥ 60錠 2,090円 / 120錠 3,630円
240錠 7,260円

日本藥妝店相當少見，主要訴求為治療女性肝斑問題的OTC醫藥品，在2024年3月推出全新的升級版本。主成分是第一三共所開發的傳明酸，搭配維生素C與L-半胱氨酸等阻斷黑色素生成的成分。在這次改版當中，除原先用於改善肝斑的傳明酸以及亮白成分之外，還新增能夠賦活細胞的菸鹼醯胺，在肌膚代謝上的表現更受期待。

Chocola BB チョコラBB ルーセントC

第3類 医薬品

🏠 エーザイ

¥ 180錠 4,169円

日本藥妝店裡熱賣多年的美白錠。每日建議攝取量當中含有240毫克的L-半胱胺酸以及600毫克的維生素C，可透過這兩項成分的抗氧化作用，將黑色素無色化。在眾多美容錠產品當中，算是口碑與表現都相當不錯的入門款。

Vitamin C
ビタミンC「2000」

🏠 アリナミン製薬

¥ 100錠 1,760円 / 300錠 4,070円

在日本長銷超過70年的醫藥品級維生素C。成年人每日建議攝取量6錠當中，含有的維生素C劑量高達2,000毫克，適合用來強化補充維生素C。錠劑本身較小易吞服，7歲以上就能服用，是許多日本人家中常見的家庭常備藥之一。

VITON-HI
ビトン-ハイ ECB2

🏠 第一三共ヘルスケア

¥ 60包 4,200円 / 90包 5,800円

維生素E搭配維生素C及B2，應對末梢循環不良所引起的肩頸痠痛及手腳冰冷問題，同時也能調節肌膚代謝狀況，對應色素沉澱並提高透亮感。入口即化的顆粒粉末分布，帶有淡淡的酸甜好口味。

Q&P KOWA
キューピーコーワ
ヒーリング錠

🏠 興和

¥ 120錠 2,728円

一般維生素B群製劑的主要訴求大多為消除疲勞與提振精神，不過Q&P最新推出的B群，卻是反其道而行，主張能夠幫助身體好好休息，才能確實消除疲勞。除維生素B1、B2、B6、菸鹼酸及維生素C之外，還搭配三種能夠穩定心神與滋養強壯的中藥材，適合怎麼睡還是覺得累的忙碌現代人。

V ROHTO
Vロートプレミアム
アイ内服錠

🏠 ロート製薬

¥ 80錠 2,970円

專為用眼過度的現代人所研發，添加了7種可應對眼睛疲勞及修復神經的相關成分，堪稱是「用吃的眼藥水」。不少整天盯著3C，雙眼疲勞到甚至覺得眼底有點悶痛的日本上班族，都會選擇這樣的眼睛健康常備藥來應對雙眼疲勞問題。

IRIS CL-I
人工淚液系列

舒緩配戴隱形眼鏡時的乾燥不適感
兼具攜帶方便與清潔不浪費等特質
的分條包裝設計

　　即便隱形眼鏡的材質與製作技術不斷提升，但許多人通常配戴一整天下來，仍會有乾燥不適與疲勞的感覺，因此不少人都會隨身準備人工淚液來緩解這樣的問題。日本藥妝店中的人工淚液產品不在少數，而日本百年藥廠大正製藥旗下的眼藥水品牌IRIS則是推出深受日本隱形眼鏡族喜愛的 CL-I 眼藥系列。

IRIS CL-I 人工淚液系列 高人氣三大關鍵特色

特色一 分條包裝
小體積分條包裝，方便隨身攜帶於化妝包中。單支獨立包裝一支劑量為單次雙眼使用量，需要時再開封，使用起來方便又衛生。

特色二 接近人體淚液
黃金比例的氯化鈣與氯化鈉，其酸鹼值與滲透壓和人體淚液相似，所以滴起來相當溫和舒適無刺激感。

特色三 角膜營養成分
添加大正製藥研究超過60年的牛磺酸，有助於緩解眼睛疲勞的不舒服感。而且不含防腐劑與界面活性劑，使用起來更具安心感。

第3類醫藥品　　NEO基本款

アイリスCL-Iネオ

🏠 大正製藥

¥ 0.4mL×30條　1,100円

➕ 清涼指數：無涼感

分條包裝人工淚液的NEO經典款。結合構成人體淚水的礦物質成分，以及角膜營養成分牛磺酸，無論配戴任何隱形眼鏡，都能用來改善配戴時的乾燥不適感。

第3類醫藥品　　豪華升級款

アイリスCL-Iプレミアム うるおいケア

🏠 大正製藥

¥ 0.4mL×30條　1,485円

➕ 清涼指數：無涼感

基礎成分與NEO經典款相同，但更加著重雙眼的滋潤保養。額外添加維持滋潤度的羥丙甲纖維素、保護角膜的軟骨素硫酸鈉，還有促進新陳代謝的天門冬胺酸鉀。質地有黏稠度，使用感潤澤度更加升級。

IRIS PHONE
眼藥系列

強化清涼體感與焦距調節成分的機能型眼藥
專屬用眼過度的低頭族
護眼成分多達12種

對於現代人而言，可說是人手一支的智慧型手機，儼然成為大家日常生活中密不可分的一部分。根據大正製藥的調查結果顯示，現代人平均每天使用智慧型手機的時間將近5小時。由於近距離盯著小螢幕看時，負責調節焦距的睫狀肌會持續處於收縮狀態，一旦時間過長，就會引起眼睛疲勞。

針對這樣的用眼過度問題，大正製藥採用能改善睫狀肌調節焦距機能的「硫酸甲酯新斯狄明」作為基礎共通成

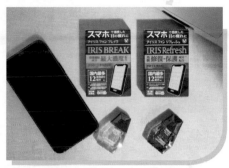

分，再針對舒緩疲勞以及修復機能等護眼需求，推出「IRIS PHONE」眼藥系列。

共通成分
改善睫狀肌調節焦距機能──硫酸酸甲酯新斯狄明

舒緩疲勞型

第2類医薬品

アイリス フォン
ブレイク

 大正製藥

¥ 12mL 1,496円

✦ 清涼指數：★★★★★＋
超醒腦涼感

- 改善疲勞：高濃度牛磺酸
- 促進代謝：活性型維生素B_2等4種
- 舒緩發炎：甘草酸二鉀等3種
- 其他潤澤、改善搔癢及充血症狀成分

修復
保護型

第2類医薬品

アイリス フォン
リフレッシュ

 大正製藥

¥ 12mL 1,496円

✦ 清涼指數：★★★★★
超持久涼感

- 修復角膜：尿囊素
- 保護角膜：軟骨素硫酸鈉
- 調節視神經：維生素B_{12}
- 促進循環：維生素E
- 其他消炎、潤澤、改善搔癢及充血症狀成分

眼藥水

V ROHTO
Vロートプレミアム

第2類
医薬品

🏠 ロート製薬

💴 15mL　1,650円

✚ 清涼指數 ★★★★

帶領樂敦V頂級系列開拓出眼藥新市場的開山始祖，是不少訪日觀光客的人氣眼藥之一。添加12種有效成分，強效應對現代人長時間用眼所引起的眼睛疲勞問題。宛如鑽石切割面的設計，使瓶身質感及特色都提升不少。

V ROHTO
Vロートアクティブ
プレミアム

第2類
医薬品

🏠 ロート製薬

💴 15mL　1,650円

✚ 清涼指數 ★★

樂敦V頂級系列中，專為高齡者眼睛不易對焦、容易疲勞乾潤，以及淚液分泌不足等問題所開發的紫鑽抗齡眼藥水。針對高齡者最感到困擾的淚液分泌不足問題，添加高劑量的維生素A及硫酸軟骨素來穩定淚液的質與量。

Sante
サンテンFXネオ

第2類
医薬品

🏠 參天製藥

💴 12mL　924円

✚ 清涼指數 ★★★★★

在中華圈已經熱賣多年，幾乎成為訪日必買眼藥水之一的參天FX銀版眼藥水。使用起來帶有提神醒腦的清涼感，屬於基本款的疲勞改善型眼藥水。不少藥妝店會推出相當優惠的價格，至今仍為觀光客掃貨的重點品項之一。

第2類
医薬品

Mytear
マイティアVプラス

🏠 アリナミン製薬

💴 15mL　968円

✚ 清涼指數 ★★★★★★

添加7種有效成分，不只能夠舒緩眼睛疲勞，也能同時改善眼睛充血問題。使用起來也帶有略偏強烈但舒服的清涼感。

第2類
医薬品

ROHTO Lycée
ロートリセb

 ロート製薬

¥ 8mL 770円

 清涼指數 ★★★

堪稱跨越世代的年輕女性必備眼藥，很多女生化妝包裡都會有這瓶小花眼藥水。成分中的血管收縮劑，能改善眼白布滿血絲的問題。維生素B12使眼水呈現可愛粉紅色，有著輔助調節焦距的效果。但要注意遵守用法用量，可別過度使用喔！

第3類
医薬品

 軟式可用

ROHTO C3
ロートCキューブ
プレミアムアイススパーク

ロート製薬

¥ 18mL 825円

清涼指數 ★★★★★★★★+

來自樂敦C3隱形眼鏡專用眼藥水系列的最新產品，不只承襲整個系列最核心的滋潤雙眼成分，最大的特色便是，追求極致但不刺痛的超強清涼感。清涼指數破8顆星，堪稱目前市面上最高等級。

SMILE
スマイル40
ゴールドコンタクト

軟式可用

第3類
医薬品

ライオン

¥ 13mL 660円

配戴隱形眼鏡時也能使用的修復型眼藥水。主成分為3萬單位的維生素A，能夠輔助修復日常受損的角膜，內搭配維生素B6與維生素C，對於疲勞的雙眼以及因分泌物造成的視線不清等情況，可發揮促進新陳代謝與循環作用。同時推出無涼感的溫和型和清涼度偏中上的涼感型兩款類型。

マイルド／溫和型

清涼指數 無涼感

クール／涼感型

清涼指數 ★★★★★

IRIS
抗菌アイリス使いきり

 大正製薬

¥ 18支 1,078円

清涼指數 無涼感

專為麥粒腫與結膜炎所研發的抗菌眼藥水。主成分包括高濃度抗菌成分、2種抗發炎及1種修復成分。採用單次用量的分條包裝，不僅使用起來乾淨衛生，更不會因為使用不完而造成浪費。

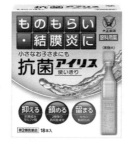

第2類
医薬品

MAKIRON ACNEIGE

研發概念源自於外傷藥水的消毒殺菌成分
實現沒有痘痘,宛如白雪般柔嫩的肌膚

在競爭激烈的日本痘痘藥市中,2021年甫上市的MAKIRON ACNEIGE可說是空降奇兵般地引起日本人注目。第一三共發現,不少日本人在擠破痘痘後,都會拿MAKIRON外傷藥水來塗抹於患部消毒,於是便以主要殺菌成分「氯化苯索寧」為核心,耗費5年研發,並於MAKIRON外傷藥品牌慶祝50週年時,推出全新的痘痘藥系列。

日本市面上的痘痘藥,絕大部分皆採用布洛芬吡啶甲醇（IPPM）與異丙基甲基酚（IPMP）兩種殺菌抗發炎成分作為有效成分。而MAKIRON ACNEIGE從外傷藥取得靈感,選擇「氯化苯索寧」作為主成分,這也是它有別於其他同質性產品的獨特配方。

化妝水
適用於剛形成的粉刺（白頭粉刺・黑頭粉刺）

乳霜
適用於已有發炎症狀的痘痘（大紅痘・大黃痘）

MAKIRON ACNEIGE メディカルローション

🏠 第一三共ヘルスケア

第2類医薬品

¥ 100mL 1,320円

針對額頭、鼻子及前胸等部位因為毛孔阻塞所形成的小粉刺,採用軟化角質的方式,讓殺菌與修復抗發炎成分滲透肌膚,改善毛孔阻塞並抑制痤瘡桿菌的繁殖。

氯化苯索寧 ▶	殺菌
尿囊素 ▶	修復抗發炎
水楊酸 ▶	軟化角質

MAKIRON ACNEIGE メディカルクリーム

🏠 第一三共ヘルスケア

第2類医薬品

¥ 18g 1,320円

適用形成於下巴或嘴巴周圍,那些又紅又腫且痛的大痘痘。在殺菌抗發炎的同時,利用促進血液循環的方式來抑制發炎症狀,同時排除引起紅腫症狀的細菌。

氯化苯索寧 ▶	殺菌
布洛芬吡啶甲醇 ▶	舒緩抗發炎
生育酚醋酸酯 ▶	促進循環

痤瘡（痘痘）用藥 ACNE

日本藥妝店裡常見的各款外用痘痘藥，大多是抗發炎成分「IPPN」搭配殺菌成分「IPMP」。因此在挑選痘痘藥時，除了品牌忠誠度與質地偏好之外，最大的挑選參考依據，便是上述兩種成分的濃度比例。小提醒，如果使用後遲遲沒有改善，建議還是要諮詢專業醫師喔！

★IPPM（布洛芬吡啶甲醇）
能抑制痤瘡桿菌形成白頭痘痘，具抗發炎作用。

☆IPMP（異丙基甲基酚）
能針對造成痘痘惡化的痤瘡桿菌發揮殺菌作用。

MENTHOLATUM
メンソレータム　アクネス25メディカルクリームc

🏠 ロート製薬

第**2**類医薬品

¥ 16g　1,320円

★ ★IPPN：3%　☆IPMP：1%

IHADA
アクネキュアクリーム

🏠 資生堂薬品

第**2**類医薬品

¥ 26g　1,210円

★ ★IPPN：3%　☆IPMP：0.3%

PAIR
ペアアクネクリームW

🏠 ライオン

第**2**類医薬品

¥ 14g　1,045円

★ ★IPPN：3%　☆IPMP：0.3%

第**2**類医薬品

MENTHOLATUM
メンソレータム　アクネス25メディカルミストb

🏠 ロート製薬

¥ 100mL　1,320円

★ ☆IPMP：0.3%

噴霧可簡單用於背部。添加能抑菌抗發炎成分IPMP，搭配能夠軟化角質的水楊酸與修復成分尿囊素。顛倒瓶身也能使用，可直接用在背部等難以塗抹藥膏的部位。

MUHI
オデキュアEX

🏠 池田模範堂

第**2**類医薬品

¥ 12g　1,210円

添加抗菌與消腫成分，專門對付身體上那些帶有疼痛感的痘痘，不論是出現在脖子、胸口、背部或臀部等不同部位的毛囊炎，都適合用這款藥膏快速應對。

CHLOMY
クロマイ-N軟膏

🏠 第一三共ヘルスケア

第**2**類医薬品

¥ 12g　1,550円

有些長在胸口或背上的痘痘，可能是黴菌感染所引起的毛囊炎。這款目前日本市面上唯一的抗黴菌OTC軟膏，正是專為這種毛囊炎所研發。

皮膚瘙癢藥

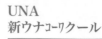

UNA
新ウナコーワクール

🏠 興和

¥ 55mL　548円

日本藥妝店必掃的護那酷涼液，是大家再熟悉不過的蚊蟲止癢神藥。止癢成分搭配局部麻醉成分，使用起來帶有舒服的清涼感。採海綿頭設計，能簡單地大範圍均勻塗抹藥液。隨手一搽，就能搞定蚊蟲叮咬所引起的瘙癢感。

UNA
ウナコーワエースL

🏠 興和

¥ 30mL　1,078円

興和護那蚊蟲止癢液的加強升級版。採用護那酷涼液的止癢與局部麻醉成分，搭配安藥型類固醇PVA，可用來應對跳蚤咬傷、毛毛蟲或水母螫咬所引起的強烈不適感。

MUHI
液体アセムヒEX

🏠 池田模範堂

¥ 35mL　1,320円

專為反覆發作的汗疹問題所開發，使用起來帶有強烈清涼感的止癢液。主成分為抗發炎成分PVA，搭配抗組織胺和能收斂患部皮膚，防止汗水持續刺激患部的鞣酸。瓶身採海綿頭塗抹設計，能簡單地將藥液塗抹在瘙癢的患部

KINKAN
キンカン ハイハイローション

🏠 金冠堂

¥ 50mL　980円

考量嬰幼兒柔嫩膚況所開發的止癢藥水。成分組合單純不含類固醇，且沒有酒精的刺激感。出生滿一個月以上即可使用，適用於改善嬰幼兒常見的尿布疹、濕疹及蚊蟲叮咬等問題。

© Benesse Corporation　巧虎 is a registered trademark of Benesse Corporation.

皮膚瘙癢

第2類 医薬品

UNA
ウナコーワクールジェル

🏠 興和

¥ 15g 658円

護那蚊蟲止癢液的隨身滾珠凝露版本。不只是滾珠膚觸冰涼，就連止癢凝露本身也含有4.5%的薄荷成分，只要輕輕一抹，就能帶來驚為天人的清涼感受。

MUHI
ムヒS

🏠 池田模範堂

¥ 20g 660円

皮膚瘙癢

第3類 医薬品

キ打不含皮質類固醇，全家大小都能使用的止癢乳膏。不只擁有優秀的止癢作用，還有舒適的清涼感，使用起來易推展且不油膩，是許多日本人家中可見的老牌止癢常備藥。

MENTHOLATUM
メンソレータム
ジンマート

🏠 ロート製薬

¥ 15g 1,320円

皮膚瘙癢

第2類 医薬品

一款專為說來就來、奇癢無比的蕁麻疹所研發的止癢乳膏。添加3種止癢成分，搭配抗發炎、收斂以及清涼成分且不含類固醇，就連小朋友也能安心使用。

CLINILABO
VIOLAOケア

🏠 大正製薬

¥ 20g 1,518円

皮膚瘙癢

第2類 医薬品

添加6種消炎止癢成分，專為VIO私密部位除毛後護理所推出的止癢乳膏。不只是除毛後的發炎瘙癢部位，其實也很適合拿來應對衣物摩擦引起的瘙癢感。搭配爽身粉體，使用後的膚觸呈現乾爽滑順，而且還帶有淡淡的花香味。

MUHI
ムヒ・ベビーb

🏠 池田模範堂

¥ 15g 968円

皮膚瘙癢

第3類 医薬品

出生一個月以上就能使用，質地不具刺激性的嬰幼兒專用止癢乳膏。成分組合相當單純，只有消炎止癢與殺菌成分，並未添加酒精或薄荷清涼成分，是家有嬰幼兒的父母在日本藥妝店必買的常備藥。

MENTHOLATUM
メンソレータム
メディクイックE

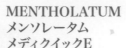

外耳道瘙癢

🏠 ロート製薬

指定第2類医薬品

¥ 30mL 1,320円

專為「耳朵癢」問題所研發，添加6種消炎殺菌、清涼止癢與修復肌膚的外耳道瘙癢用藥水。只要用棉花棒沾取藥水，輕輕塗於外耳道瘙癢處，就能舒緩外耳道發炎等原因所引起的瘙癢感。

濕疹

指定第2類医薬品

LIVIMEX
新リビメックス
コーワ ローション

🏠 興和

¥ 15g 1,738円

專為濕疹紅癢所開發的藥水。主成分PVA濃度高達0.3％，和醫師處方用藥相同。適用於濕疹、皮膚炎或蕁麻疹等常見的肌膚問題。質地為清爽容易推展的藥水類型，適合用來塗抹大範圍患部或是頭皮等乳膏不容易附著的部位。

濕疹

指定第2類医薬品

EURAX
オイラックスA

🏠 第一三共ヘルスケア

¥ 20g 1,540円

添加類固醇與消炎止癢等6種成分，全家從小到大都能使用的止癢乳膏。在日本是許多家庭都會準備，用來廣泛應對蚊蟲咬傷、濕疹及汗疹等常見皮膚瘙癢問題的常備藥。

足癬（香港腳）

第2類医薬品

DERMARIN
ダマリンL

🏠 大正製薬

¥ 15g 2,530円 ／ 20g 3,080円

主成分是抗真菌劑硝酸美可那唑（Miconazole Nitrate）的足癬（香港腳）乳膏。採用獨家製劑技術，乳膏能確實附著於患部，並讓有效成分持續停留與滲透，因此一天只需要塗抹一次即可。搭配局部麻醉劑成分，可發揮不錯的止癢效果。

足癬（香港腳）

指定第2類医薬品

DERMARIN
ダマリン
パウダースプレーDX

🏠 大正製薬

¥ 90g 1,760円

包裝看起來像是保養品，專為女性設計的香港腳噴霧。主成分為鹽酸特比萘芬（Terbinafine Hydrochloride），搭配消炎、清涼與局部麻醉成分，使用起來帶有舒服涼感。噴劑設計不沾手，且含有爽身粉末，使用後患部呈現乾爽滑順而不黏膩。

兒童蚊蟲貼片兩大天王

為解決孩童不喜歡擦藥，以及會不自覺抓搔蚊蟲叮咬患部的問題，日本有許多藥廠推出能夠保護患部不被抓傷的蚊蟲貼片。貼片能夠完整覆蓋患部，提升藥劑的吸收效率，並持續發揮藥效，因此相當適合用來對付難纏的瘙癢感。除了部分成分組合不同外，不同的卡通人物也是小朋友們選擇的重要參考基準。

©やなせたかし／フレーベル館・TMS・NTV

MUHI
ムヒパッチA

皮膚瘙癢

🏠 池田模範堂

第3類 医薬品

¥ 38片　550円

添加殺菌及止癢成分，使用起來帶有些微的清涼感。

皮膚瘙癢

KINKAN
かゆみ止めパッチα

第3類 医薬品

🏠 金冠堂

¥ 48片　550円

添加消炎殺菌止癢成分，使用起來帶有些微的清涼感。

©Benesse Corporation. 巧虎 is a registered trademark of Benesse Corporation.

足癬(香港腳)

指定 第2類 医薬品

ペディラスBT
エース液

🏠 奧田製薬

¥ 20mL　2,420円

同時添加0種有效成分，能針對白癬菌發揮殺菌作用，進而改善香港腳感染問題的藥水。質地液態清爽，能夠簡單地塗抹於大範圍患部。附著性佳且速乾，塗抹藥水後就能穿上鞋襪行動。

足癬(香港腳)

指定 第2類 医薬品

MENTHOLATUM
メンソレータム
エクシブ Wディープ10クリーム

🏠 ロート製薬

¥ 35g　2,200円

針對腳跟角質肥厚偏硬的香港腳間所開發的香港腳治療乳膏。搭配濃度10%的尿素，利用軟化厚硬角質的方式，幫助抗真菌與止癢成分能順利滲透患部並發揮作用。一天使用一次，就能對付難纏的腳跟香港腳問題。

乾燥用藥

CLINILABO
ヘパリオクリーム

🏠 大正製薬

¥ 60g　1,518円

主成分是具保濕、促進循環及抗發炎作用的類肝素，再搭配具修復作用的尿囊素與促進循環作用的生育酚醋酸酯，是一款能強化呵護乾荒肌的皮膚用藥。抗油耐汗且親膚力高的乳霜狀，使用起來潤澤力高但不黏膩，就連嬰兒也可以使用。

MENTHOLATUM
メンソレータム軟膏c

🏠 ロート製薬

¥ 12g　418円　/　35g　748円
75g　990円

長銷全球130年，幾乎所有人都看過甚至使用過的小護士曼秀雷敦軟膏。採凡士林為基底，搭配薄荷油和尤加利油，使用起來具有淡淡清涼感。許多臺日家庭都把它當成解決一家老小皮膚瘙癢與乾裂問題的萬用軟膏。

MENTHOLATUM
メンソレータム AD
クリームm

🏠 ロート製薬

¥ 145g　1,518円

安膚康全系列銷售累計超過8,000萬個，是許多人家中都會準備的藍色小護士。三種止癢成分搭配潤澤質地，不少日本人會拿來對應冬季癢或洗澡後乾癢問題。

KERATINAMIN
ケラチナミンコーワ
クロザラエイド

🏠 興和

¥ 60g　1,738円

添加20%尿素，以及抗發炎與促進循環成分的乾燥肌膚治療乳膏。特別適合用來應對乾燥且摸起來有粗糙顆粒感的手臂，或是角質肥厚顯黑的手肘或膝蓋等部位。

KERATINAMIN
ケラチナミンコーワ乳状液20

🏠 興和

💴 200g 2,178円

添加濃度高達20%的尿素，搭配止癢與抑制發炎成分，可針對乾燥引起的肌膚乾燥與瘙癢感發揮舒緩作用的乳液型藥劑。乳液狀質地滑順好推展，適合在洗完澡或睡前，用於背部或四肢等容易乾癢的部位。

MUHI
ヒビケア軟膏a

🏠 池田模範堂

💴 15g 1,540円

添加組織修復成分以及止癢與促進循環成分，專為手指出現裂傷反覆問題所開發的修復型軟膏。適合工作需要經常碰水的從業人員或家庭主婦，用來治療乾裂且疼痛的手指。

MENTHOLATUM
メンソレータム
メディクイックN軟膏

🏠 ロート製薬

💴 6g 1,320円

專為「鼻孔周圍」乾燥疼痛問題所研發的治療軟膏。許多人都曾經因為擤鼻涕摩擦過度，或是天氣過於乾燥而出現鼻孔周圍發炎疼痛等問題。添加消炎止癢與殺菌修復成分的凡士林基底軟膏，就很適合用於改善鼻孔周圍的發炎狀況。

CLINILABO
VIOLAOクリア

🏠 大正製薬

💴 30g 1,518円

專為VIO私密處除毛後乾燥問題所研發，特別針對除毛後導致肌膚乾燥和暗沉問題的乳膏。使用消炎成分甘草酸鉀搭配美白成分傳明酸以及多種保濕成分，同時應對衣物摩擦下所產生的色素沉澱問題。使用起來膚觸滑順乾爽，且帶有淡淡的潔淨皂香。

外傷用藥

MAKIRON
マキロンs

第3類 医薬品

🏠 第一三共ヘルスケア

💴 30mL 418円 / 75mL 715円

結合殺菌、組織修復與抗組織胺成分的消毒藥水。可在消毒的同時，降低傷口癒合的瘙癢不適感。是許多日本人家中急救箱可見，用於刀傷、擦傷、割傷、抓傷或穿鞋磨傷等傷口之包紮消毒用藥。

TOFUMEL
トフメルA

第2類 医薬品

🏠 三宝製薬

💴 15g 880円 / 40g 1,650円

日本長銷超過90年的老牌家庭常備藥。主成分中的氧化鋅可在吸收傷口分泌物的同時，於傷口上方形成保護膜，以濕潤療法的概念加快傷口癒合。適用於燒燙傷、擦傷、刀傷、刺傷以及裂傷等各種外傷。

Coloskin
コロスキン

第3類 医薬品

🏠 東京甲子社

💴 11mL 598円

日本液態OK繃界的老字號，用以形成保護薄膜的硝基纖維素，濃度高達16%之多，號稱是同類型產品中的最高濃度。

SAKAMUCARE
サカムケア

第3類 医薬品

🏠 小林製薬

💴 10g 979円

日本藥妝店中常見的液態OK繃產品，創護寧最大特色是搭配刷頭設計，能簡單輕鬆地將藥劑均勻塗抹於患部。

ATNON
アットノンEXk
かゆみ止めプラス

第2類 医薬品

🏠 小林製薬

💴 10g 1,430円

一款融合類肝素的輔助代謝作用，以及尿囊素的組織修復作用所研發的撫疤膏。Plus版強化止癢成分，能舒緩傷疤癒合時所出現的瘙癢感。適合在傷口癒合時，用來輔助淡化令人在意的傷疤。

口唇用藥

STOMATITIS
口內炎軟膏大正クイックケア

🏠 大正製藥

💴 5g 935円

大正口內炎貼片的軟膏版本。添加皮質類固醇成分「丙酮特安皮質醇」，能夠發揮顯著的藥效。軟膏本身能夠長時間服貼患部發揮阻隔刺激的作用，而且不易沾附在牙齒或牙齦。不只是口內炎，就連舌炎也能夠使用。對於不習慣使用口內炎貼片的人來說，是個不錯的好選擇。

STOMATITIS PATCH
口內炎パッチ大正クイックケア

🏠 大正製藥

💴 10片 1,320円

許多臺灣人赴日必掃的口內炎貼片升級版。黏貼於嘴破部位能隔離同時保護患部，即使在說話或吃東西時，都比較不會感到刺激。升級版貼片中添加了類固醇成分，對於想要快點擺脫嘴破痛苦的人來說，是相當不錯的選擇。

TRAFUL
トラフルダイレクトa

🏠 第一三共ヘルスケア

💴 12片 1,200円 / 24片 1,800円

添加類固醇消炎成分的口內炎貼片，適合想快速解決嘴破疼痛問題的人。薄膜製劑，貼在口腔內異物感不太明顯。貼片中所含的有效成分，會漸漸溶解釋放出來。

HERPECIA
ヘルペシアクリーム

🏠 大正製藥

💴 2g 1,210円

日本OTC醫藥品市場上少見的口唇皰疹用藥，僅限於過去曾經確診罹患口唇皰疹的復發患者使用。主成分為抗病毒成分阿昔洛韋（Acyclovir），一般建議復發患者於嘴唇或其周圍出現刺痛感時就立即使用。

MENTHOLATUM
メンソレータム
メディカルリップnc

🏠 ロート製藥

💴 8.5g 1,078円

添加6種輔助修復與促進代謝成分，可用於應對嘴角發炎或嘴唇乾裂等問題的護唇藥膏。不帶刺激涼感，所以適合用在嘴角發炎或嘴唇乾裂等嘴唇敏感狀態。畢竟是OTC醫藥品的關係，建議有症狀時再使用，不適合作為日常護唇膏使用。

LOXONIN®樂鬆
日本止痛新神藥品牌
第一三共原創醫療處方成分

原本在日本就廣受信賴的LOXONIN®止痛藥，在這波疫情下被推升至止痛新神藥的境界，因此也愈來愈受到訪日遊客的關注。

LOXONIN®的共通主成分為「洛索洛芬鈉水合物」（Loxoprofen Sodium Hydrate），是三共（現・第一三共）於1986年所研發的「非類固醇消炎止痛」處方成分。原本只能由醫師處方箋才能取得，在日本藥事法規修訂後，於2011年成為不須處方箋就能在藥妝店購入的OTC医藥品。正因為LOXONIN®系列的效果快又確實，所以被許多日本人視為備受信賴的止痛新神藥。

LOXONIN®「S」「EX」痠痛貼布系列

不只是專門應對頭痛或生理痛的內服藥，其實LOXONIN®也針對難纏的肌肉痠痛問題推出貼布型產品。最早於2006年問世的LOXONIN®痠痛貼布，起初是醫師的處方用藥。但於2016年起，切換成OTC化（スイッチOTC化：原本用於處方藥之成分，轉換成OTC有效成分），並成為藥妝店中新世代的痠痛貼布。

第2類医藥品

LOXONIN®
ロキソニン®EXテープ

🏠 第一三共ヘルスケア

💴 7片 1,298円 / 14片 1,958円
大片版本7片 1,958円

LOXONIN®貼布系列的升級強化版。主成分是抗發炎止痛效果優秀，濃度高達8.1%的「洛索洛芬鈉水合物」。由於藥效較強，一天只須貼一次即可，相當適合拿來對付難纏的肩腰與膝部痠痛問題。搭配薄荷醇，貼起來帶有明顯的舒緩涼感。

第2類医藥品

LOXONIN®
ロキソニン®S温感テープ

🏠 第一三共ヘルスケア

💴 7片 1,078円 / 14片 1,738円
大片版本7片 1,738円

LOXONIN®貼布系列於2023年推出的最新溫感版本。除核心抗發炎止痛成分「洛索洛芬鈉水合物」之外，還搭配具備促進循環作用，可舒緩肌肉緊繃問題的溫感成分「壬酸香蘭基醯胺」。對於喜歡溫熱使用感的族群而言，是個值得納入購藥清單的新選擇。

肌肉痠痛藥

TOKUHON
トクホンE

🏠 大正製薬

第3類
医薬品

💴 120片　1,375円

來自歷史近百年的痠痛貼布老廠德本，適用來對付特別僵硬的肩頸部位的貼布。主成分包括具有消炎止痛作用的水楊酸乙二醇酯以及能夠促進血液循環的維生素E醋酸酯。使用起來帶有舒服的清涼感，且貼布本身偏膚色，即便穿著淺色衣物也不容易被發現。

第2類
医薬品

VANTELIN
バンテリンコーワパットEX
超大判サイズ

🏠 興和

💴 7片　2,838円

添加3種消炎止痛的超大貼布。採用興和獨家開發的TIAAS技術，提升貼布接觸皮膚時的服貼度與柔軟舒適性，卻不容易整團黏在一起。由於貼布本身相當大片，特別適合用於腰部等大範圍痠痛部位。

第3類
医薬品

Salonpas®
サロンパス®
ツボコリ®パッチ

🏠 久光製薬

💴 160片　1,320円

日本痠痛貼布大廠久光製藥所推出的圓形溫感穴道貼布。除了含有消炎及促進循環的西藥成分外，還額外添加具抑制發炎作用的中藥材黃柏萃取物。搭配溫感刺激的方式，可促進患部血液循環，直徑約2.5公分的圓形小貼片設計，更方便局部貼在肩部、背部、腰部及小腿肚等部位。

第2類
医薬品

LOXONIN®
ロキソニン®EXゲル

🏠 第一三共ヘルスケア

💴 50g　2,178円

主要消炎止痛成分是原本為處方用藥的新世代成分洛索芬鈉水合物。因為藥效確實，近年在日本成為人氣度極高的痠痛止痛藥。質地滑順好推的凝膠劑型，適合塗抹在膝蓋等貼布不容易服貼的部位。因為成分原因，須年滿15歲才能用，使用起來帶有清涼感。

第3類
医薬品

ZENOL
ゼノールチックE

🏠 大鵬薬品工業

💴 33g　935円

在臺灣擁有一大票愛用者的痠痛棒。使用方式和膏香膏一樣，在旋轉出膏體後，直接塗抹於痠痛部位即可。不僅不沾手還不留黏膩感，塗抹後可直接穿上衣物。體積輕巧，即使放在包包裡或辦公桌抽屜，也不會太占空間。

第3類
医薬品

TOKUHON
トクホンチールA

🏠 大正製薬

💴 100mL　825円

消炎止痛與促進循環成分和TOKUHON E綠盒貼布相同。相對於貼布適合舒緩局部痠痛問題，這罐痠痛藥水方便塗抹於大範圍患部。使用起來的清涼感也恰到好處，適合用來應對大範圍的頑固肩頸痠痛問題。

固酪敏
補充男性荷爾蒙的經典外用神藥
日本藥妝店裡稀有且獨特

主成分是濃度1%的睪固酮，是專為男性荷爾蒙不足或其所引起之勃起無力等男性性器官神經衰弱症狀所開發的男性荷爾蒙藥膏。許多男性在年過四十之後，或是在過大的心理壓力下，都會出現體內男性荷爾蒙濃度下降而引發的各種生、心理障礙。

長久以來，男性更年期或是男性荷爾蒙不足所帶來的症狀總是受到忽視，但其實男性也很需要適時且適度補充不足的男性荷爾蒙，以維持生理與心理上的健康度。因此即便這是一款在特定藥妝店才可購入的OTC医藥品，但日本全國卻有超過480家醫療院所作為臨床用途銷售，其專業程度可見一斑。

About
『男性荷爾蒙』

男性體內的睪固酮濃度會在青春期時急遽上升，直到20歲前後達到巔峰，接著會在40歲後半逐步降低，進而引發勃起障礙或是性慾減退等症狀。不只是男性需要補充男性荷爾蒙，其實在臨床上醫師也會利用男性荷爾蒙，來改善或治療女性無毛症。

グローミン®

🏠 大東製薬工業

¥ 10g 4,158円

第1類医藥品

男性：每日2次，每次擠出約2公分的藥膏後，以按摩的方式塗抹於陰囊或是腹部肌膚表皮。

女性：每日1次，每次擠出約0.3公分的藥膏，避開陰道黏膜，塗抹於欲改善部位。

正確的荷爾蒙製劑補充法

大部分民眾聽到荷爾蒙製劑的第一個反應，就是擔心會不會像同化類固醇那樣產生副作用。其實絕大部分的副作用，都是超過生理承受範圍的過高劑量所引起。因此只要在人體正常分泌範圍內適當補充，就不需要擔心會出現副作用。相反地，若是荷爾蒙濃度過低，反而會引起其他生理或心理上的不適症狀。

芭斯多敏
日本女性用來呵護自己的私密神藥
專為女性更年期障礙所研發

主成分是雌二醇和乙炔雌二醇所調配而成的女性荷爾蒙製劑。由卵巢分泌的雌激素，通常與「女性特質」和「陰道潤滑」等生理狀態息息相關。在卵巢老化或心理障礙影響下，可能會造成卵巢機能衰退，最終導致雌激素濃度下降，引發煩躁、潮熱和性功能衰退等更年期障礙。

在日本，許多女性會透過補充女性荷爾蒙的方式，來改善陰部乾燥症狀以及各種更年期不適症狀。藥膏本身為質地清爽不黏膩的乳膏，使用時建議避開私密黏膜處，可用於外陰部或是四肢、腰部等部位的皮膚上。

バストミン®

🏠 大東製藥工業

¥ 4g 3,960円

指定
第2類
医薬品

更年期前女性：不建議使用。

更年期後女性：每日1次於沐浴後使用，每次使用量大約是1公分內。

❗ 特別注意事項

尚未停經女性建議於生理期結束後使用。療程循環為生理期結束後連續使用2星期，接著停藥到下一次生理期結束後。後續的療程週期依此類推。

已停經女性可直接使用。療程循環為連續使用2星期，接著停藥2星期。後續的療程週期依此類推。

荷爾蒙製劑的劑型選擇

一般來說，常見的荷爾蒙製劑大致可分為口服、注射以及外用等三種類型。天然型的口服雌激素在進入人體後，通常會在肝臟受到分解而無法發揮效果，而且早期的口服雌激素甚至被指出有導致血栓形成的風險。另一方面，一般民眾無法自行在家注射雌激素，因此最佳的補充方式便是外用劑型。在外用藥方面，又可細分為貼片型與藥膏型兩種。由於貼片型製劑容易引發皮疹不適，因此可自行調節使用量的外用藥膏便成為最安全、最方便且最合理的荷爾蒙製劑類型。

日本足底健康的守護者

イボコロリ

有效搞定雞眼、硬繭及贅疣問題的神奇救星

誕生於1919年的イボコロリ（Ibokorori），是在日本長銷超過百年的足底專科家庭常備藥。即便到了今日，藥妝店裡能夠解決雞眼、硬繭以及贅疣等皮膚問題的外用藥都相當少見，因此在許多日本人的心目中，Ibokorori向來是無可取代的足底健康守護者。

イボコロリ

🏠 橫山製藥

¥ 6mL 1,111円 / 10mL 1,485円

主成分是濃度10%的水楊酸。只要利用連結在瓶蓋上的點藥棒，將藥液塗抹在患部上，就能透過軟化乾硬患部的方式，去除形成於足底的雞眼、硬繭以及贅疣。建議每天使用4次。

ウオノメコロリ

🏠 橫山製藥

¥ 6mL 1,243円

針對頑固雞眼或硬繭所開發的成分升級強化版本。除系列共通的角質柔化成分水楊酸之外，還額外搭配乳酸，能發揮更強大的軟化及去除角質效果。建議每天使用1～2次。

液態系列使用步驟

步驟 1

先洗淨患部或用熱毛巾熱敷後，再透過點藥棒將藥液均勻塗於患部。

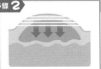

步驟 2

藥液乾掉後會形成薄膜，而有效成分會持續滲透患部。下一次塗藥時，需要先將原本的薄膜撕除再塗上新的藥液。連續使用3～4天之後，患部就會開始變白。

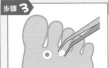

步驟 3

軟化且變白的患部會逐漸自行脫落。塗抹藥液時，若發現患部開始剝落，可利用夾子連同薄膜一起夾起去除。若會感覺疼痛，則是僅撕除薄膜後再繼續塗抹藥液。

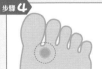

步驟 4

重複步驟1～3，直到患部完全脫落為止。治療雞眼時必須持續塗抹藥液直到完全去除芯（角質柱）為止，否則會再次復發。患部完全剝落後，就能重見柔嫩的肌膚。

イボコロリ絆創膏

🏠 横山製薬

💴 S・M・L各尺寸　12枚　1,045円
　　Free Size　　3枚　1,111円

將濃度高達50%的水楊酸藥膏製作成OK繃造型，可簡單將藥膏貼在雞眼等患部上，持續發揮效果。OK繃兩端可纏繞於腳趾上固定。依照患部範圍大小，有3種不同的尺寸可選擇。另外，也有一大片的Free Size型，可根據需求自行剪裁使用。建議2～3天更換一次即可。

ウオノメコロリ絆創膏

🏠 横山製薬

💴 足指用（腳趾用）　12個　1,188円
　　足裏用（足底用）　6個　1,188円

針對形成於腳趾或足底且有疼痛感之雞眼和硬繭所開發，服貼性相當高的護墊型貼片。藥劑周圍的墊片能夠阻隔患部與鞋子直接接觸，降低摩擦疼痛不適的感覺。特別適合用來對付腳底較大範圍的雞眼。建議2～3天更換一次即可。

貼片系列使用步驟

步驟 1
使用前務必確實清潔並擦乾患部。

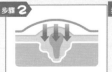
步驟 2
在正常情況下，服貼於患部的貼片能持續使用2～3天。若因為洗澡碰到水等外在因素造成使用過程中掉落，則建議直接更換新的貼片。

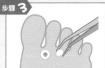
步驟 3
若發現患部開始剝落，可利用夾子將其夾起去除。若會感覺疼痛，則請繼續使用貼片，切勿勉強剝除患部。

步驟 4
重複步驟1～3，直到患部完全脫落為止。治療雞眼時必須持續使用貼片直到完全去除芯（角質柱）為止，否則會再次復發。患部完全剝落後，就能重見柔嫩的肌膚。

奥田脳神経薬

融合東西方醫學精髓
跨越世代的自律神經調節常備藥

戰後復興的1950年代，日本進入經濟飛躍式攀升的高度成長期。這時候有許多日本民眾因龐大心理壓力，出現頭痛、耳鳴及焦慮等神經衰弱症狀。在這樣的背景之下，奧田製藥融合東西方醫學精髓，採用3種速效型西藥成分，搭配7種調理型中藥成分，調配出獨一無二的配方，推出日本極少見的自律神經調節常備藥「奧田脳神経薬」。

由於現代人長期處於高壓環境，不只是源自於工作或家庭的心理壓力，還有來自天氣變化等環境壓力。這些壓力都會造成自律神經失調，引發耳鳴、眩暈、頭痛、焦慮以及肩頸僵硬等症狀。因此，即便問世超過70年，奧田脳神経薬在日本依舊是許多民眾信賴的家庭常備藥。

指定
第2類
医薬品

奧田脳神経薬

🏠 奧田製藥

¥			
40錠	1,760円	70錠	2,703円
90錠	3,300円	150錠	5,217円
160錠	5,280円	340錠	9,900円

依照不同通路，目前市面上的奧田脳神経薬共有3種不同的包裝版本。無論是哪種版本，成分、劑量及服用方式都相同。

救心
守護心臟健康的百年家庭常備藥
九種珍稀中藥材調製的祖傳藥方

　　在日本，救心可說是心血管健康常備藥的代名詞。其雛形是武術師「堀喜兵衛」親手研製的武術內傷用藥「一粒藥」，後來因為服用者表示對心臟不適症狀也有不錯的改善效果，因此在歷經數次改良後，成為臺日兩地皆廣為人知的「救心」。正因為救心的配方及適應症獨樹一格，因此在邁入超高齡化社會的日本與華語圈，才能成為一款屹立不搖且廣受信賴的家庭常備良藥。

　　歷史超過百年的救心，是由九種珍稀動、植物中藥材所調製而成，屬於調節心血管系統平衡的家庭常備藥。許

多爬樓梯容易氣喘吁吁、登山健行時意識模糊，或是氣溫變化大容易心悸的日本人，都會隨身準備一瓶救心。

救心

🏠 救心製藥

第**2**類
医薬品

¥　　30錠　　2,420円 ／ 60錠　　4,510円
　　120錠　8,360円 ／ 310錠　18,700円
　　630錠　34,100円

在許多人的印象中，救心是在出現心血管不適症狀時才需服用。不過，從救心的調節心血管循環平衡狀態的中藥特性來看，其實是更傾向於平時服用的保養用藥。因此，重視心臟保健的健康人士也能服用。

其他醫藥品

毛髮用藥 for MEN

RiUP
リアップX5チャージ

🏠 大正製薬

💴 60mL 8,140円

第1類
医薬品

品牌誕生於1999年的RiUP，可說是日本生髮藥的先驅，被許多有頭髮生長困擾的日本患者列為用藥首選。有效成分為高達5%濃度、可活化毛囊與基質細胞的米諾地爾，再搭配8種獨家頭皮養護成分，能打造出一個更適合頭髮生長的環境，相當推薦給有掉髮問題的青、壯年男性使用。

RiUP
リアップリジェンヌ

🏠 大正製薬

第1類
医薬品

💴 60mL 5,763円

毛髮用藥 for WOMEN

在日本藥妝店相當少見的女性專用生髮液。除主要生髮成分1%米諾地爾之外，還針對女性特有的頭皮環境添加潤澤防乾燥成分。建議有掉髮問題，或是想讓髮絲更加強健的女性，每日於白天吹整頭髮前及晚上洗髮後使用。

第3類
医薬品

護肝用藥

Hepalyse
ヘパリーゼ プラスII

🏠 ゼリア新薬工業

💴 180錠 4,950円

包括肝臟水解物在內，添加多種有助於肝臟及腸胃健康的成分。在日本長銷超過40年，一直是日本人護肝OTC医藥品的首選之一，許多日本人都會在酒席前後服用。近年來更是受到眾多華人旅客青睞，成為新一代的購物清單固定班底。

第3類
医薬品

筋骨用藥

Chondroitin
コンドロイチンZS錠

🏠 ゼリア新薬工業

💴 270錠 8,255円

熱賣近60年，硫酸軟骨素劑量高達1,560毫克，不只能拿來對付關節痛、神經痛、腰痛及五十肩等問題，也可以用於輔助改善神經性與外傷性所引起的聽力障礙。對於日本的中高齡族群而言，可說是相當重要的保健藥品。

第**2**類
医薬品

代謝用藥

和漢箋
ロート防風通聖散錠満量a

🏠 ロート製薬

¥ 360錠 7,480円

將中藥「防風通聖散」商品化，利用18種中藥材的
力量，專為腹部脂肪堆積問題所開發的分解燃燒系
OTC醫藥品。成分當中含有便祕藥中常見的大黃，因
此也能對便祕問題發揮作用。

動暈症
用藥

SEMPER
センパアPro

🏠 大正製薬

¥ 6錠 880円

指定
第**2**類
医薬品

大正製藥暈車藥系列於2023年推出的最新加強長效
版。一口氣添加5種有效成分，其中穩定自律神經、
阻斷嘔吐中樞刺激與抑制胃部過度蠕動的成分，都是
OTC醫藥品最高劑量。對於容易暈車、暈船、暈機的
成年人來説，適合拿來止動暈症打亂旅遊計畫。

動暈症
用藥

SEMPER
センパア QT<ジュニア>

🏠 大正製薬

¥ 6錠 715円

第**2**類
医薬品

大正製藥暈車藥系列當中，專為5～14歲孩童所開發
的動暈症用藥。採用不須搭配開水即可服用的口含錠
技術，含入口中後能迅速溶解並發揮效果。口味是孩
童接受度相當高的草莓風味。

動暈症
用藥

Travelmin
トラベルミン
チュロップ ぶどう味

🏠 エーザイ

¥ 6錠 521円

第**2**類
医薬品

5歲以上就能服用的動暈症預防藥。帶有淡淡葡萄香
甜味的喉糖劑型，大大提升孩童的服藥接受度。一般
建議搭乘交通工具前半小時服用，但出現症狀後再服
用，也能有助於舒緩不適症狀。若覺得藥效已過，間
隔超過4小時可再服用。

痔瘡
用藥

PRESER
プリザエース坐剤T

🏠 大正製薬

指定
第**2**類
医薬品

¥ 10個 1,760円 / 20個 3,300円
　30個 4,400円

添加7種有效成分，用於應對內痔問題的肛門塞劑。
搭配抑制疼痛感、出血和發炎症狀成分，使用起來帶
有舒緩的清涼感，能緩解內痔所造成的劇烈疼痛及突
發性出血。

山本漢方製藥

以東洋醫學概念為研發基礎
日本藥妝店最熱賣的青汁品牌推手

對於喜歡日本青汁的人來說，山本漢方製藥可說是令人再熟悉不過的的青汁專家了。在2000年代，日本當地開始興起青汁健康風潮，而山本漢方製藥活用累積多年的中藥製藥技術，搭配嚴選素材與獨家製法，推出眾多人氣青汁商品。在競爭激烈的青汁市場中，山本漢方製藥旗下最為熱門的「大麥若葉青汁粉末」，甚至連續14年成為日本藥妝店最熱賣的青汁品項，可說是建立起日本青汁市場的重要功臣之一。

承襲家業中藥調製技術
走訪世界各地尋求最佳原料

山本漢方製藥株式会社
代表取締役社長 山本 整

現任社長山本整先生位於名古屋的老家，是一間名為本草閣的中藥房。由於從小耳濡目染，加上曾在大阪的漢方製藥公司研習12年，因此對於原料素材有著極高的要求。為追求能夠說服自己的優質原料，他親自走訪日本、中國、義大利、澳洲及蒙古等地，尋找最適合的植栽地，並與當地農家簽訂無農藥栽種合約，種植出氣味、顏色和成分都符合他要求的原料。

完美的大麥若葉條件

山本社長在一番摸索之後，發現大麥若葉最佳的生長環境，是標高超過1,500公尺，紫外線強烈且氣溫約在0～10℃的嚴苛環境。除此之外，山本漢方製藥還堅持只採用營養素最為豐富，且色香味表現皆出色的新芽根部。正是因為如此，山本漢方製藥所推出的青汁才會沒有雜味與草腥味，反而有一股淡淡的抹茶清香。

藥妝店人氣冠軍青汁的祕密

其一 原料的祕密

只採用首次收成，營養價值最高的大麥新芽根部，而且全程使用鐮刀手工採收。接著以人工方式淘汰損傷部分，挑選出最完美的原料，於採收後6小時內以獨家特殊低溫加熱處理方式進行乾燥。正因為如此，才能讓乾燥後的大麥若葉依舊保持新鮮的深綠色，並且保有豐富的胺基酸等營養成分。

其二 製造的祕密

在產地進行初步乾燥後的原料，通過農藥殘留測試之後，就會被送到位於日本愛知縣的自家工廠進行蒸氣消毒，接著再以獨家工法進行切碎與包裝。有別於其他青汁產品，山本漢方製藥目前擁有9家廠房，所有加工製造、包裝工程都在自家工廠以全自動化設備進行，因此在品質管理方面也能全面掌控。

其三 口感的祕密

從原料的植栽地、採收部位到加工處理技法，山本漢方製藥都以製藥公司的高標準進行選定與執行。採用純度100%的原材料，讓青汁沒有強烈的苦澀感與異味，只保留材料本身原有的純樸天然香氣。喝起來沒有草味，反而帶有淡淡的抹茶風味，這其實也是山本漢方製藥的青汁如此熱賣的主要原因。

山本漢方製藥的人氣青汁系列

上市超過20年的山本漢方製藥青汁,已經連續14年蟬聯日本藥妝店最熱銷的青汁品牌。從基礎版的100%大麥若葉粉末到最新的人氣爆款MCT大麥若葉粉末,整個青汁系列的種類超過10種。在這邊,日本藥粧研究室就來為大家分析山本漢方製藥的四大人氣青汁特色。

YAMAKAN
大麦若葉 粉末100%

🏠 山本漢方製藥

💴 3g×22包　1,620円
　　3g×44包　3,024円

富含膳食纖維、鈣質、維生素、鐵質以及葉酸的基本款100%大麥若葉青汁粉。每一包當中含有1/3顆萵苣的膳食纖維、2把菠菜的鐵質和1.4顆蕃茄所含的β-胡蘿蔔素,相當適合平時蔬菜攝取不足的人。帶有清新的抹茶口感,因此也很適合加到牛奶或豆漿中飲用。

YAMAKAN
食前青汁

🏠 山本漢方製藥

💴 4.1g×30包　2,160円

基底為日本國產有機大麥若葉,搭配22種日本國產蔬菜、7種超級食物、菊苣纖維(菊糖)以及蛋白質的餐前青汁。每一包當中含有1整顆萵苣的膳食纖維,非常適合減重者在餐前飲用。

YAMAKAN
MCT大麦若葉
粉末

🏠 山本漢方製藥

💴 5g×26包　3,024円

市面上相當少見,通過日本機能性表示食品認證的青汁。獨家製法的大麥若葉粉末,搭配日清製油熱銷的MCT能量油。經認證實驗發現,透過中鏈脂肪酸油的作用,能減少腰圍並減少體脂肪及內臟脂肪。是近期內關注度極高的體態管理輔助產品。(機能性表示食品)

YAMAKAN
30種類の国産野菜+
スーパーフード

🏠 山本漢方製藥

💴 3g×32包　3,024円
　　3g×64包　5,616円

採用日本國產有機大麥若葉,搭配30種日本國產蔬菜以及超級食物的豪華青汁。不僅富含膳食纖維,還同時含有酵素、300億個乳酸菌與一整天所需的12種維生素。相當適合忙碌且飲食不均衡的現代人,一次補足身體需要的健康元素。

山本漢方製藥的
獨家健康茶

原本就是以中藥起家的山本漢方製藥，活用古人智慧並結合現代人對健康的需求，開發出許多以天然草本調製而成的健康茶。目前山本漢方製藥所推出的健康茶多達數十種，儼然成為日本民眾挑選健康茶的首選品牌。

YAMAKAN
どっさり黒ダイエット茶

🏠 山本漢方製藥

💴 5g×28包　1,296円

山本漢方製藥最為熱賣的通暢黑減重茶。融合扁決明、普洱茶、魚腥草、桑葉、杜仲葉、菊芋等12種具備通順去油膩的草本成分，非常適合飲食偏油膩的外食族用來做體內環保。

YAMAKAN
菊芋茶100%

🏠 山本漢方製藥

💴 3g×20包　1,058円

100%菊芋的單方健康茶。別名為洋薑的菊芋，是近年來日本廣為風靡的抗糖型物。菊芋本身含有相當豐富的膳食纖維，其實就是我們相當熟悉的菊苣纖維（菊糖），能夠減緩糖分吸收，以達到調控血糖的作用。因此相當適合在意糖分攝取量的人，可在用餐時搭配飲用。

YAMAKAN
糖&脂流茶

🏠 山本漢方製藥

💴 8g×24包　1,382円

幫助調控糖與脂肪吸收的健康茶。採用桑葉、杜仲和魚腥草等10種抗糖擋油的輔助草本成分。其中杜仲葉所含的體重管理成分「金雀異黃酮」含量更是高達26～53毫克。非常適合在享用大餐但又在意糖和油脂時，用來爽口兼調控吸收的健康輔助茶。

YAMAKAN
ウラジロガシ茶
100%

🏠 山本漢方製藥

💴 5g×20包　1,620円

市面上相當稀有，100%白背櫟葉製而成的抑石茶。在東方醫學中，白背櫟自古以來就被視為治療泌尿道結石的藥物。由於成分相當稀缺，市面上流通的相關產品也不多，因此深受許多在意泌尿道結石問題的日本民眾所青睞。

山本漢方製藥的美與健康輔助食品

除了熱銷的青汁與獨特的健康茶之外，山本漢方製藥也順應日本民眾的需求，推出許多促進美肌與健康的健康輔助食品。其中有不少商品因為極具特色或品質出色，成為藥妝店中的熱賣搶手貨。

YAMAKAN きな粉プロテイン

🏠 山本漢方製藥

💴 400g 1,382円

和風味十足的無糖黃豆蛋白粉。每20g當中就含有10g的植物性蛋白質，同時還含有1杯牛奶所含的鈣質，以及1顆薏苢所含的膳食纖維。不僅能加在牛奶裡一起喝，也能在早餐時加在玉米穀片或吐司上一起吃，讓全家老小都能簡單補充蛋白質。

YAMAKAN 酵素&はとむぎ プロテイン

🏠 山本漢方製藥

💴 400g 1,836円

和風黃豆蛋白粉的美肌版本。除了簡單補充蛋白質之外，還同時添加酵素與薏仁。不僅如此，也可以同時補充鐵質與葉酸，對於想要打造好氣色的人來說，是相當不錯的蛋白粉選擇。

YAMAKAN NMN

🏠 山本漢方製藥

💴 60粒 7,020円

2023年日本最具話題性的抗衰老輔助食品NMN。每天建議攝取量的2粒當中，就含有250毫克的NMN，相當於4,000顆青花菜與2,000顆毛豆所含的分量。目前市面上的NMN售價依舊偏高，山本漢方製藥所推出的版本，算是價格相對親民的入門款。

第3類
医薬品

YAMAKAN ヨクイニンハトムギ錠

🏠 山本漢方製藥

💴 504粒 3,080円

能夠促進代謝並且提升肌膚免疫力，可用來對付臉部及頸部肉芽，以及肌膚乾燥問題的醫藥級薏仁錠。山本漢方製藥在創業初期，就已經推出薏仁粉，因此薏仁系列可説是長銷超過40年的金字招牌。

YAMAKAN
コレステブロッカー

🏠 山本漢方製薬

💴 60粒　1,944円

通過日本機能性表示食品認證，能夠用來對抗壞膽固醇氧化的話題新品。主要作用成分是橄欖中所含的羥基酪醇，其具有相當優秀的抗氧化能力，可透過抑制壞膽固醇氧化的方式，達到控制壞膽固醇的功用。對於步入中年又經常外食的人來説，是相當值得參考的健康輔助幫手。（機能性表示食品）

YAMAKAN
黒マカ粒
醗酵黒ニンニク

🏠 山本漢方製薬

💴 180粒　1,620円

原料來自祕魯安地斯高原，無論是中高年男性或更年期女性，都很適合用來提升活力的100%天然馬卡錠。每日建議攝取量中的馬卡含量高達4,600毫克，同時搭配高麗人參、發酵黑蒜、酵母鋅以及黑薑，可説是活力提升成分相當完整的健康輔助食品。

YAMAKAN
ウラジロガシ流石粒

🏠 山本漢方製薬

💴 240粒　2,592円

採用東方醫學中用於治療泌尿道結石的白背櫟作為基礎，搭配具利尿作用的金錢草等四種中藥材成分的流石粒。藥妝店裡同質性的商品並不多，因此成為關注度相當高的獨特性品項。適合在意泌尿道結石問題的人，用來作為日常調理。

YAMAKAN
乳酸菌PREMIUM粒

🏠 山本漢方製薬

💴 90粒　1,944円

小小3粒就能簡單補充3,000億個乳酸菌，相當於30個優格所含的數量。另外還添加乳鐵蛋白、板藍根與紫錐菊等有助於調節免疫機能的成分，是近期日本藥妝店當中備受關注的乳酸菌產品之一。

打造極緻活力美
日本小分子膠原蛋白錠熱賣人氣款
Chocola BB
膠原錠系列

產品定位鎖定在打造好氣色的衛采 Chocola BB，旗下有相當多知名的指定必買商品，例如高單位B群「Chocola BB Plus糖衣錠」，以及高人氣的露皙雪靚錠「Chocola BB Lucent C」，都是許多訪日觀光客掃貨清單上的固定班底。另外，Chocola BB結合小分子膠原蛋白與擅長的維生素B群所打造的膠原錠系列，也受到眾多年輕女性愛戴，成為日本藥妝店中的人氣爆賣款。

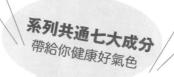

系列共通七大成分
帶給你健康好氣色

Chocola BB膠原錠系列的共通核心成分，是人體容易吸收的「小分子膠原蛋白」，以及能夠促進膠原蛋白形成且具備抗氧化作用的維生素C。除此之外，承襲美容系維生素B群中所含的維生素B₁、B₂、B₆、菸鹼素和泛酸，則能夠維持能量代謝與皮膚健康，從內向外打造健康的粉嫩活力好氣色。

入門基本款

美チョコラ コラーゲン

 エーザイ

栄養機能食品

¥ 120粒　2,037円

小分子膠原蛋白搭配維生素C與5種B群成分，服用起來沒有特殊氣味的膠原錠。

美力升級款

美チョコラ コラーゲン プレミアム

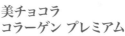 エーザイ

栄養補助食品

¥ 140粒 3,434円

膠原蛋白胜肽增量1.7倍，維生素C含量也拉升2倍，同時新增鐵質與乳酸菌的強化升級版。不只養顏美容，還能兼顧好氣色與腸道順暢。

健康輔助食品

美容保養

DR.CI:LABO
メガリポVC100

🏠 ドクターシーラボ

¥ 2.8g×30包　8,424円

每一包當中含有1,000毫克的高吸收型維生素C。利用獨家的奈米化技術，提升維生素C的人體吸收率及持續力，號稱是用喝的維生素C點滴。微酸的清爽柑橘風味，無論是冰水或熱水泡開都很好喝。

ASTALIFT
ピュアコラーゲンパウダー

🏠 富士フイルム

¥ 5.5g×30條　4,935円

活用奈米化技術，極力去除雜質及異味，就算加在白開水中也幾乎無色無味的低分子膠原蛋白粉。溶解速度快，可添加在各種食物與飲料當中。分條包裝攜帶便利，能放在包包裡方便隨時補充。

ASTALIFT
サプリメント ホワイトシールド

🏠 富士フイルム

¥ 60粒　4,320円

主成分為抗氧化成分蝦青素，在日本訴求機能為防禦紫外線刺激與維持肌膚潤澤。此外還搭配茄紅素、維生素、多酚以及膠原蛋白胜肽等多種美肌成分。非常適合在陽光毒辣的季節，拿來強化保養肌膚狀態。（機能性表示食品）

ALFE
Beauty Series＜パウダー＞

🏠 大正製藥

¥ (紅) 2g 2,178円　/　(白) 1.8g 2,728円
　(藍) 2g 2,728円

不須搭配開水就能直接食用，美味系的美容營養補充粉。每包含有1,000毫克膠原蛋白與2毫克的鐵，可幫助女性打造好氣色。來自各種天然果汁的風味香甜順口，除了粉紅色的膠原蛋白加鐵基本版之外，還有針對想要強化美白或是補水保濕等需求，而選擇添加不同美容成分的產品類型。

ビューティコンク
膠原蛋白＋鐵
濃厚日本國產蜜桃口味

ホワイトプログラム
膠原蛋白＋鐵＋胎盤素
酸甜芭樂＆百香果口味

ディープエッセンス
膠原蛋白＋鐵＋神經醯胺
芳醇白葡萄＆檸檬口味

健康輔助食品

營養補充

DHC
持続型ビタミンC

🏠 DHC

💴 120粒　388円 ／ 1日4粒

維生素C是不少人每天都會補充的免疫強化與美容健康輔助成分。針對維生素C為水溶性，容易隨尿液排出的特性加以改良，採用獨特的長效緩釋劑型，讓身體能夠有效率且持續釋放的長效型維生素C。每天建議攝取量為4粒，分為早晚各2粒會更有效率。

DHC
ビタミンD

🏠 DHC

💴 30粒　308円 ／ 1日1粒

大眾對於維生素D的印象，通常是促進骨骼健康。不過在這場百年大疫影響下，卻因為能夠輔助強化免疫力而備受注目。對於平時日曬機會較少的人來說，很適合拿來補充日常生活中不足的維生素D3。

DHC
持続型ビオチン

🏠 DHC

💴 30粒　388円 ／ 1日1粒

可提升吸收效率的長效緩釋型生物素。所謂生物素就是維生素B7，除了維持黏膜健康之外，還能維持胺基酸正常代謝，也與毛髮健康息息相關。因此在意毛髮健康的女性，以及蓄鬍養髮的男性，都可特別加強補充生物素。

DHC
亜鉛

🏠 DHC

💴 30粒　288円 ／ 1日1粒

許多人認為鋅是主攻男性健康的營養元素，但卻在新冠疫情下因為其能輔助維持味覺正常、修復皮膚黏膜及提升免疫力等機能而廣受重視，成為無論男女都會加強補充的礦物質。

健康輔助食品

數值管理

FUJIFILM メタバリア プレミアムEX

🏠 富士フイルム

¥ 240粒 5,961円 / 1日8粒(2～4粒×3次)

同時添加5種抑制吸收與促進代謝成分。包裝標示只要在餐前攝取,即可輔助抑制糖脂吸收,進而發揮調節腸道環境與縮小腰圍的效果,相當適合愛吃油炸食物且在意BMI值的族群。（機能性表示食品）

DHC カロリーポン

🏠 DHC

¥ 90粒 2,300円 / 1日3粒

主成分是萃取自毗黎勒果實的沒食子酸,同時搭配萃取自大花紫薇的科羅索酸,主打能夠干擾飲食中糖分與脂肪的吸收。除此之外還添加可促進代謝的黑薑萃取物。可同時抑制吸收並加強代謝的產品,在日本藥妝店裡算是少見的類型。（機能性表示食品）

DHC フォースコリー

🏠 DHC

¥ 120粒 2,932円 / 1日2～4粒

上市20年已熱賣超過4,400萬包,DHC旗下最熱賣的體態管理產品。主成分是風行美國多年的體脂肪對策成分「毛喉鞘蕊花萃取物」,適合在意體脂肪或是想提升運動效率的人。

DHC ウエスト気になる

🏠 DHC

¥ 60粒 2,376円 / 1日2粒

專為「腰間」問題所開發的BMI管理健康輔助食品。主成分鞣花酸是廣為人知的抗氧化及美白成分,但近年來的研究發現,鞣花酸在代謝症候群上也能發揮不錯的作用,尤其適合在意腰圍、BMI、體脂肪、三酸甘油脂等數值的族群。（機能性表示食品）

FUJIFILM
メタバリア
葛の花イソフラボンEX

🏠 富士フイルム

¥ 120粒　4,935円　/　1日4粒

主成分葛花異黃酮是近年來日本保健市場上新興的體重管理成分。除了能針對皮下脂肪與內臟脂肪發揮作用外，還能用來提升日常活動或運動的消耗效率。（機能性表示食品）

Livita
グルコケア粉末スティック濃い茶

🏠 大正製薬

¥ 5.6g×30包　3,024円　/　1日3包

專為飯後血糖值偏高問題所研發，添加難消化性糊精的濃綠茶粉。色、香、味皆相當講究，喝起來就像是現泡的綠茶般美味。無論是熱沖冷泡都能迅速溶解，非常適合搭配三餐一起飲用。（機能性表示食品）

Livita
プレミアムケア
粉末スティック

🏠 大正製薬

¥ 6.6g×30包　3,434円　/　1日1包

兼具4項機能認證，是目前日本藥妝店中功能最多的機能性表示食品，可同時輔助血壓偏高、餐後血糖、餐後三酸甘油脂以及腸道狀態的健康管理。採用靜岡綠茶老店「佐藤茶」的綠茶粉，在口味方面相當講究，喝起來清爽又回甘。（機能性表示食品）

Livita
ファットケア
スティックカフェモカ・ブレンド

🏠 大正製薬

¥ 3.5g×30包　3,024円　/　1日3包

專為腰間贅肉與體脂肪困擾所推出的摩卡風味咖啡粉。利用咖啡豆甘露寡糖能包覆並排出脂肪的特性，輔助減少人體吸收過多脂肪。一天建議攝取量為3包，熱沖冷泡皆美味，可用以取代飯後咖啡飲用。（機能性表示食品）

DHC
お腹の脂肪が
気になる方の葛花茶

🏠 DHC

¥ 2.5g×30包　2,754円　/　1日1包

主成分葛花萃取物是日本官方認證能夠促進脂肪分解與燃燒，同時阻礙脂肪形成的體脂肪對策成分。市面上大部分產品皆為錠劑，而DHC則是推出喝起來相當順口的烏龍茶風味粉，蠻適合在餐後來一杯。（特定保健用食品）

Healthya
ヘルシア 茶カテキンの力α

🏠 花王

💴 30包 2,592円

花王鎖定兒茶素提升脂肪代謝力的特性，開發出熱銷多年的綠茶粉。無論是冷泡還是熱飲，喝起來都像現泡般順口不苦澀。每天建議攝取2包，就可簡單攝取540毫克的兒茶素。適合BMI值偏高的族群用來對抗內臟脂肪。（機能性表示食品）

Healthya
ヘルシアW いいこと巡り 黒豆茶風味

🏠 花王

💴 15包 3,149円

花王活用多年咖啡豆中綠原酸的研究成果，研發出可同時應對血壓及內臟脂肪偏高問題的飲品粉。獨特的黑豆風味，無論冷熱都相當順口美味。若是搭配牛奶或豆漿，則是能調製出黑豆奶等風味特調飲。（機能性表示食品）

Livita
パルスイート® カロリーゼロ

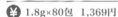

🏠 大正製薬

💴 1.8g×80包 1,369円

零卡無糖，甜味來自胺基酸的阿斯巴甜，每一小包1.8公克同等於5公克砂糖的甜度。從各種飲品，到高溫烹調的日常料理都能夠使用。對於執行體重管理，或是糖攝取量有所限制的人來說，是相當方便的甜味小幫手。

FUJIFILM
飲む アスタキサンチンAX

🏠 富士フイルム

💴 60粒 5,184円 / 1日2粒

主成分是具備抗氧化機能的蝦青素，不只能夠守護肌膚滋潤度，晁能抑制體內血脂氧化，對於飲食不健康的族群來說，可說是一款同時兼顧美肌力與健康力的保健聖品。（機能性表示食品）

DHC
DHA

🏠 DHC

💴 120粒 1,286円 / 1日4粒

4粒軟膠囊當中就含有510毫克的DHA及110毫克的EPA。不僅可以輔助降低血液中的三酸甘油脂，還能協助維持記憶力。對於不喜歡吃魚，或是日常飲食中不易攝取魚油的人來說，是不錯的營養補充選擇。（機能性表示食品）

小林製薬
ナットウキナーゼ さらさら粒PREMIUM

🏠 小林製薬

💴 120粒 3,234円 / 1日6粒

納豆激酶搭配DHA與EPA，標示能夠改善末梢血液循環、降低偏高血壓以及減少血中三酸甘油脂的健康輔助食品。適合注重自己心血管健康狀態，但卻不常吃魚或納豆的人。（機能性表示食品）

健康輔助食品

機能強化

DHC
速攻ブルーベリー

🏠 DHC

💴 60粒　1,458円　/　1日2粒

DHC熱賣的藍莓護眼膠囊強化版。主打溶出速度提升約3倍，主成分藍莓萃取物的含量也隨之升級，每2粒膠囊中所含的花青素等同於540顆藍莓。另外還搭配葉黃素、β-胡蘿蔔素及茄紅素等多種護眼抗氧化成分，適合用眼過度的族群用來呵護雙眼。

DHC
ルテイン光対策

🏠 DHC

💴 30粒　1,234円　/　1日1粒

專為對抗藍光刺激，可幫助視網膜維持健康色素濃度，藉此維持雙眼顏色對比感受的葉黃素。另外還搭配素有「眼藥之樹」美名的毛果槭樹萃取物，對於使用3C產品時間長的現代人來説，是相當不錯的護眼補充品。（機能性表示食品）

DHC
乳酸菌AL
3種のバリア菌

🏠 DHC

💴 30粒　1,998円　/　1日1粒

小小一粒，濃縮1,000億個EC-12乳酸菌、2,000億個K2植物性乳酸菌，以及100億個SHIELD乳酸菌。不僅可對付花粉症等過敏問題，在輔助免疫提升上也有不錯的效果。很適合平時用來強化管理身體狀態。

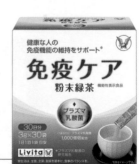

Livita
免疫ケア

🏠 大正製藥

💴 3g×30包　3,024円　/　1日1包

每一包都含有1,000億個Plasma乳酸菌，可針對人體免疫機能發揮活化作用的綠茶粉。使用靜岡縣綠茶老店「佐藤園」的綠茶粉作為基底，喝起來是相當道地且順口的日式綠茶。冷熱水都能快速泡開，很適合忙碌的現代人拿來為免疫系統加油。（機能性表示食品）

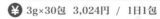

DHC
PS（ホスファチジルセリン）

🏠 DHC

¥ 60粒 2,656円 ／ 1日2粒

主成分為萃取自大豆，經人體代謝後會成為腦磷脂的「磷脂絲胺酸」。因為能活化神經傳導物質受體，並且維持大腦機能，所以成為近年來備受目的大腦營養素。不只是容易感到記憶力衰退的高齡者，40歲以上的中年族群更是需要拿來預防腦機能退化。（機能性表示食品）

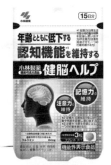

小林製薬
健脳ヘルプ

🏠 小林製薬

¥ 15天份 2,916円 ／ 1日3粒

大腦營養檸脂絲胺酸，搭配薑黃素及阿魏酸的健腦型輔助食品。特別適合擔心自己隨著年齡增長而出現記憶力、注意力或判斷力衰退的族群。（機能性表示食品）

DHC
ロコモワン

🏠 DHC

¥ 120粒 4,320円 ／ 1日4粒

添加葡萄糖胺、軟骨素、BCAA及維生素D等17種成分，目的在於同時強化骨骼、肌肉和關節健康。在步入高齡化社會的現代，維持健康餘命是個非常重要的課題，因此特別適合用來維持四肢活動機能。

DHC
ノコギリヤシEX
和漢プラス

🏠 DHC

¥ 90粒 2,484円 ／ 1日3粒

主成分鋸棕櫚是美國原住民用於強化中高齡男性健康的天然草藥成分，近年來在日本則是備受注目的男性泌尿道保健成分。搭配多種抗氧化成分與中藥材，適合如廁次數變多，或是常感到有殘尿感的男性。

小林製薬
ナイトミン眠る力
快眠サポートサプリ

🏠 小林製薬

¥ 20天份 2,138円 ／ 1日1粒

根據日本研究報告顯示，藏紅花酸具有輔助提升睡眠品質的功能。這款睡眠輔助食品，便是採用藏紅花酸作為主成分，適合淺眠或是容易在睡眠期間醒來的族群，尤其是感到睡眠品質較差的人。（機能性表示食品）

健康輔助食品

旅程美肌健康飲

清爽柑橘風味

營養補充

LOPOVITAN
リポビタンD

🏠 大正製薬

指定医薬部外品

¥ 100mL 180円

深受日本上班族喜愛的營養補充飲「力保美達D」。添加1,000毫克的牛磺酸與B群成分，主要訴求是改善疲勞以及維持體力與抵抗力。相當適合行軍式旅遊一天之後，為疲累的身體補充能量。

LOPOVITAN
リポビタンキッズゼリー
ぶどう風味

🏠 大正製薬

指定医薬部外品

¥ 1袋 194円

營養補充

葡萄風味

力保美達D的兒童專用果凍版。添加維生素B1、B2、B6及鈣質，吃起來就像是零嘴一般美味。很適合在旅途過程中，為家中的小朋友補充能量營養素。除葡萄之外，還有綜合水果、桃子和優格等多種風味可以選擇。

營養補充

葡萄風味

指定医薬部外品

Alinamin
アリナミンメディカルバランス
グレープ風味

🏠 アリナミン製薬

¥ 100mL 231円

合利他命的果凍版本，一包中含有抗疲勞成分呋喃硫胺搭配維生素B2、B6、牛磺酸和蜂王漿。除了最新的葡萄風味外，還有葡萄柚及蘋果風味，可以依照喜好做選擇。旅遊途中，可以試試看不一樣的合利他命，冰過更好吃。

機能性表示食品

美肌保濕

西洋梨風味

Chocola BB
チョコラBB
リッチ・セラミド

🏠 エーザイ

¥ 50mL 322円

主成分是含量高達1,800微克的神經醯胺，經日本機構認證具有提升肌膚保濕力的美肌型飲品。同時搭配1,000毫克的膠原蛋白與5毫克的玻尿酸，輔助提升美肌力。相當適合乾燥季節訪日旅遊，或是覺得飯店冷暖氣過於乾燥的時候用來為肌膚補水。

美肌彈潤

栄養機能食品

ALFE
アルフェ ビューティコンク
<ドリンク>

🏠 大正製薬

¥ 50mL 297円

水蜜桃 & 麝香葡萄風味

小小一瓶當中，含有5,000毫克的膠原蛋白，是同系列美容飲膠原蛋白含量的5倍之多。此外還添加5毫克的鐵質，再搭配檸檬香蜂草、彈力蛋白與玻尿酸等共8種美肌成分。適合在回到飯店時，為肌膚補充滿滿的彈潤成分。

美肌亮白

栄養機能食品

熱帶水果 & 檸檬風味

ALFE
アルフェ ホワイトプログラム
<ドリンク>

🏠 大正製薬

¥ 50mL 297円

除膠原蛋白1,000毫克與鐵質5毫克之外，最重要的成分就是濃度高達200毫克的胎盤素。搭配檸檬香蜂草、紅花、西洋薊與薏仁等共11種美肌成分，適合在旅途中強化美肌亮白保養。

美肌保濕

栄養機能食品

麝香葡萄風味 & 荔枝風味

ALFE
アルフェ ディープエッセンス
<ドリンク>

🏠 大正製薬

¥ 50mL 297円

除膠原蛋白1,000毫克與鐵質5毫克之外，還大氣奢華地添加3,000毫克的神經醯胺。搭配檸檬香蜂草、紅花、玻尿酸等共8種美肌成分，適合在旅途中覺得肌膚乾燥缺水時進行集中保養。

消水腫

栄養機能食品

Kireto Lemon
キレートレモン
MUKUMI

🏠 pokka sapporo

檸檬風味

¥ 155mL 159円

每罐含有相當於一顆檸檬的果汁量，1,350毫克的維生素C、1,350毫克的檸檬酸和來自檸檬的單醣類黃酮素。碳酸口感搭配酸甜檸檬味，日本研究顯示單醣類黃酮素能夠短暫緩解臉部自覺的浮腫感。如果來日本覺得吃太鹹水腫，不妨可以試試看喔！（機能性表示食品）

CHAPTER

5

日本美妝
保養圖鑑2024

LuLuLun Cleansing Balm
卸完妝的肌膚依舊水水嫩嫩！
兼具卸妝力與美肌力的
保養型卸妝膏

使用前質地偏固態，接觸肌膚的瞬間會輕柔化開，並將臉上彩妝與髒汙一掃而空的卸妝膏，是日本這幾年再次翻紅的潔顏新趨勢。相較於歐美品牌的厚重黏膩感，日系卸妝膏注重容易沖洗的輕柔感，同時也極為講究保養成分，以迎合各種膚質與保養需求。

在眾多品牌瓜分天下的日系卸妝膏市場中，知名每日面膜品牌LuLuLun所推出的保養型卸妝膏，可說是表現極為亮眼的定番品。在2021年底上市時，就奪下全日本唐吉訶德的卸妝銷售榜冠軍，後來甚至一度賣到缺貨，這股熱潮至今仍未消退，成為日系卸妝膏的指標商品。

毛孔對策型

**LuLuLun
Cleansing Balm
CLEAR BLACK**

🏠 Dr.LuLuLun

¥ 90g 2,420円

適合肌膚代謝異常所產生的角質化不完全膚質使用。搭配碳、蒙托泥與蘋果酸成分，發揮吸附髒汙與軟化角質等作用，因此推薦膚質偏油，容易冒痘痘或毛孔粗大者使用。

● 艾草萃取物	抑制發炎，輔助肌膚代謝正常化
● 絲綢蛋白	吸附多餘皮脂與毛孔髒汙
● 維生素C衍生物	調理毛孔與亮白抗氧化

乾燥對策型

LuLuLun
Cleansing Balm
RICH MOIST

🏠 Dr.LuLuLun

¥ 90g 2,420円

適合肌膚代謝異常所產生的角質肥厚膚質使用。整體潤澤感較高，能強化應對肌膚乾燥所引起的毛孔粗大問題，推薦肌膚乾荒且缺乏彈力者使用。

● 荷荷芭油	形成抗乾荒潤澤膜
● 山金車花萃取物	實現彈潤體感的植萃之力
● 維生素C衍生物	調理毛孔與亮白抗氧化

獨家掛勾式挖勺，
再也不必擔心找不到

一般卸妝膏都會附上挖勺，但大多收納於掀蓋內側或是需要另外找地方保管，因此挖勺保管及取用的便利性就成為卸妝膏最令人詬病的缺點。LuLuLun發揮創意，開發出掛勾式挖勺，可以將挖勺直接掛在瓶蓋上，大幅提升挖勺收納與使用的方便性。

優秀的卸妝力，只要輕柔化開卸妝膏，就能輕易卸除防水彩妝。

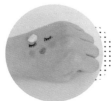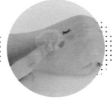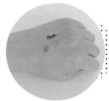

Bioré新科技,給你偷懶的理由
讓回家只想躺平的你
也能輕鬆享受淨徹時刻!

The クレンズ オイルメイク落とし
The CLEANSE卸妝油

顛覆既有*的卸妝概念 *Bioré系列中
只塗抹不畫圓輕鬆卸妝
日本限定話題美妝新品

等待許久,日本美妝界再次出現劃時代的卸妝新品。花王Bioré所推出的「The CLEANSE卸妝油」,採用全新洗淨技術。主打不須搓揉,只要塗抹在臉上,就能讓彩妝膜層浮起。接著只須用水沖洗,就能像是摘下面具般,簡單卸除臉上的防水彩妝、髒汙以及防曬品。

「The CLEANSE卸妝油」上市後,於日本美妝界立即引爆話題。不只美妝迷們趨之若鶩地搶購,甚至擊敗市面上眾多卸妝品,在許多美妝雜誌及網站上,更成為2023年上半年最佳卸妝品榜上的常勝軍。這瓶徹底實現快速、簡單、乾淨、不拉扯肌膚的卸妝品,絕對是值得一試的卸妝新選擇!

おうちdeエステマッサージ洗顔ジェル
潤感按摩洗顔凝膠

讓每天洗臉變得像在做SPA
日本社群網站討論聲量暴衝
同時應對毛孔髒汙困擾

粉刺!就像減肥一般,是許多人畢生都在努力對抗的目標。除了一級戰場──鼻子周圍之外,臉頰及下巴等皮脂分泌旺盛的部位,其實也都存在著毛孔阻塞與卡滿髒汙的問題。

毛孔內頑固的髒汙只透過每天的洗臉是很難清潔乾淨的,一週使用一次的妙鼻貼也只能用在鼻子部位,已經無法滿足毛孔清潔的需求。若要每天深層清潔毛孔,就靠這條採用花王獨家洗淨技術的「潤感按摩洗顔凝膠」吧!它主打按摩30秒,就能全面潔淨臉部的液態皮脂,以及泥狀與固態粉刺。對於長期與毛孔髒汙和黑頭粉刺奮戰的人來說,是相當值得嘗試的新幫手。

The CLEANSE
オイルメイク落とし

 花王

¥ 50mL　385円
190mL 1,298円

おうちdeエステ洗顔
マッサージ洗顔ジェル

 花王

¥ 60g 385円
150g 699円

すっきり
清爽型

しっとり
滋潤型

CHOOSY moist
POKO-POKO眼部卸妝棉

無須搓揉，只要輕敷10秒
再濃的眼妝也能輕鬆卸除

日本藥妝店裡有許多針對局部彩妝所推出的卸妝產品，而近期備受注目的新品之一，就是含有柔肌成分「甘王草莓乳酸菌」的CHOOSY moist POKO-POKO眼部卸妝棉。

這款眼部卸妝棉最大的特色，在於不須反覆搓揉，只要敷在眼妝或唇妝上約10秒，再以輕柔擦拭的方式，就能將難卸的睫毛膏及亮片卸得一乾二淨，卸除眼妝再也不須來回拉扯眼周脆弱的肌膚。

不只徹底卸妝，
還能加強保養容易乾燥的眼周肌膚

CHOOSY moist POKO-POKO眼部卸妝棉的表面呈凹凸狀，能牢牢抓住並帶走珠光、眼影及臥蠶筆等眼妝常用彩妝及髒汙，甚至連難纏的亮粉也能簡單卸除。

此外，每一片卸妝棉都吸滿卸妝保養液，直到最後一片都能實現超JUICY滑順的卸妝體感。卸妝液中不僅含有彩妝溶解成分，還另含10種美肌成分與睫毛護理成分，能在卸除眼妝的同時，為脆弱的眼周肌膚與受損的睫毛進行加強保養。由於配方不含酒精，因此不必擔心卸妝時會有不舒服的熏眼感。

**CHOOSY moist
アイメイクポコポコ
リムーバーシート**

🏠 SUNSMILE

¥ 60片 1,650円

來自日本福岡特產「あまおう」甘王草莓的植物性乳酸菌，能調節油水失衡的肌膚，使用起來還帶有清新甜美的水潤草莓香。

卸妝

Prédia
スパ・エ・メール
ファンゴ W クレンズ

 コーセー

¥ 300g 4,950円

基底為天然礦物泥的SPA級卸妝霜。質地相當濃密卻滑順易推展，搭配獨特的海洋木質調，很適合作為按摩霜，仔細卸除臉部彩妝與髒汙。不僅如此，潔淨毛孔與多餘皮脂的效果也非常出色，是一款在家卸妝也能像在SPA館護膚般，令人感到身心舒暢的卸妝逸品。

ROAliv
ハニーポット
マヌカクレンジングバーム

 ロアリブ

¥ 70g 3,960円

添加具有抗菌、抗發炎作用的紐西蘭產麥蘆卡樹油，接觸肌膚的瞬間，就會隨著體溫滑順化開的卸妝膏。搭配熟成麥蘆卡蜂蜜、蜂王乳及蜂膠等多種保濕、賦活和循環成分，再揉合優雅的草本清香，立刻讓卸妝變成令人享受的保養第一步。

DEW
ハニーバーム
クレンジング

 カネボウ化粧品

¥ 180g 2,750円

觸感宛如濃厚蜂蜜般的新體感液態卸妝膏。其質地會在按摩卸妝過程中，逐步從濃厚膏狀化為濃密凝膠狀、滑順油狀，最後在加水的瞬間化成乳狀。在香味方面，也同樣有不同的變化表現，從蜂蜜香轉為甜蜜奶香，最後散發出清新草本花香。因此蠻適合拿來一邊慢慢按摩全臉，一邊仔細卸除臉上的彩妝與髒汙。

ONE BY KOSÉ
ポアクリア オイル

 コーセー

¥ 180mL 1,980円

能夠溶解阻塞於毛孔的頑固粉刺，使用起來又不會過度刺激的高機能卸妝油。採用獨家技術，將溶解粉刺的潔淨成分細微化之後，再用油性膜層將其包覆，藉此大幅提升卸妝力，連頑固的粉刺也能簡單洗淨。

DR.CI:LABO
VC100ホットピール
クレンジングゲルEX

 ドクターシーラボ

¥ 150g 3,036円

93.7％由精華液成分所組成的高機能溫感卸妝凝膠。雖然是卸妝凝膠，但保養成分卻一點也不馬虎，包括VC100系列主打的APPS維生素C、抗齡成分蒜鹼醯胺以及多種保濕成分。搭配植物性去角質成分和分解酵素，能在卸妝的同時確實去除老廢角質與皮脂髒汙，發揮相當優秀的卸妝清潔效果。

肌美精
CHOIクレンジングオイル
薬用ニキビケア
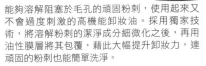

 クラシエ

¥ 150mL／968円

許多有痘痘肌困擾的人，都蠻避諱使用質地偏厚重的卸妝油。不過這瓶搭配藥用殺菌成分的痘痘肌適用卸妝油，在確實卸除毛孔髒汙及防水彩妝的同時，也能透過抑菌作用來預防痘痘形成。（医薬部外品）

潔顏

雪肌精みやび
アルティメイト
フェイシャル ウォッシュ

🏠 コーセー

💰 200mL　5,500円

單手就能擠出，質地宛如精華液般細緻，能簡單快速搓出綿密泡泡的潔顏乳。添加富含維生素C的薏仁R2以及奢華楂萃成分，讓洗臉成為深入保養肌膚的第一步。綿密的泡泡膚觸極為滑順，洗起臉來可說足毫無阻力，洗後的肌膚也能維持極佳的水潤感。

DEW
スイートシャンティ
ウォッシュ

🏠 カネボウ化粧品

💰 125g　2,750円

同時兼顧潔淨與保濕的濃密玻尿酸泡泡潔顏膏。最大的特色就是能夠簡單搓出超濃密的彈力泡泡，並以「泡泡面膜」的概念，先敷在全臉約30秒，接著再用清水沖淨即可。如此簡單，就能在不搓揉臉部肌膚的狀態下輕鬆帶走髒汙，只留下柔嫩滑順的膚觸。

雪肌精
ホワイト クリーム
ウォッシュ

🏠 コーセー

💰 130g　2,200円

Clé de Peau Beauté
ムースネトワイアントA n

🏠 資生堂

💰 140g　6,600円

強效保濕成分搭配柔嫩泡泡配方，追求極致潤澤潔淨體體感的精萃光采柔潤潔膚皂。額外注入天然保濕成分銀耳，能夠發揮絕佳的保濕感。另外還添加肌膚之鑰嚴選的抗氧智能食物萃取成分覆盆子精華，可在深層潔淨肌膚的同時，為肌膚注入充分的滋養度，是同時追求清潔與保養機能的頂級奢華體感潔顏產品。

Prédia
スパ・エ・メール
ブラン コンフォール
クリア ジェルウォッシュ

🏠 コーセー

💰 150mL　3,080円

能夠溫和洗淨老廢角質，提升肌膚清透度的無泡凍潔顏凝膠。添加消炎成分甘草酸衍生物及抗菌成分，因此也特別適合痘痘肌使用。使用起來帶有極為獨特的清新海洋木質調香氣，能在按摩潔顏去角質的同時徹底放鬆身心。（医薬部外品）

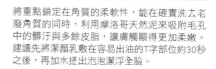

LISSAGE
クリアミネラルソープ

🏠 カネボウ化粧品

💰 125g　2,530円

將重點鎖定在角質的柔軟性，能在確實洗去老廢角質的同時，利用摩洛哥天然泥來吸附毛孔中的髒汙與多餘皮脂，讓膚觸顯得更加柔嫩。建議先將潔顏乳敷在容易出油的T字部位約30秒之後，再加水搓出泡泡潔淨全臉。

和漢草本保養品牌雪肌精的新經典潔顏乳。添加獨特的東洋草本萃取成分，搭配雪肌精那辨識度極高的草本清香，再加上毛孔潔淨力出色的綿密泡泡，讓許多人用過後就愛不釋手。

DR.CI:LABO
VC100ホットウォッシング
フォーム

🏠 ドクターシーラボ

💴 120g 2,090円

由85%精華成分所組成的溫感碳酸潔顏泡。添加VC100系列主打的APPS維生素C、3種角質調理成分與多種保濕潤澤成分，能在深層潔淨毛孔的同時，維持肌膚一定的滋潤度。很推薦先敷在全臉約1分鐘之後再洗臉，可提升碳酸泡吸附髒汙的效果。

Magnifique
クレンジング
フォーム

🏠 コーセーコスメポート

💴 130g 1,320円

專為男性膚質設計，帶有舒服的木質花香，洗起臉來感覺就像在森林中深呼吸一般舒暢。捨棄傳統男性用洗面乳過強的潔淨力，搭配多種保濕成分，實現乾淨卻保有肌膚水潤度的潔顏體感。

TSURURI
洗顔ペースト
ガスール

🏠 BCL

💴 120g 1,100円

上市以來已熱賣超過1,000萬條，添加摩洛哥火山泥與岩鹽，可強化洗淨毛孔髒汙與粉刺的去角質潔顏乳。在濃密的彈力泡泡包覆下，去角質鹽粒能更加溫和地徹底潔淨毛孔。特別適合有黑頭粉刺困擾的人使用，圖片為2024年2月改版升級後版本。

CLEARTURN
毛穴小町
テカリ源治
もちもちブラック洗顔

🏠 コーセーコスメポート

💴 120g 880円

使用維生素A衍生物結合能夠吸附毛孔髒汙的泥炭成分，以及可以確實潔淨多餘皮脂的小蘇打，適合用來打擊油光及預防痘痘形成的黑色潔顏乳。搭配CICA等多種保濕成分，能幫助洗後肌膚維持滋潤度而不會有緊繃感。

Bioré
The Face
泡洗顏料

🏠 花王

💴 200mL 825円

堪稱是Bioré史上最高體感等級的潔顏泡，能在雙手不摩擦肌膚的狀態下，只靠泡泡就可確實清潔全臉。主打無負擔的溫和配方，就連敏弱肌或嬰幼兒都能使用。根據不同的膚質或清潔需求，共有五種類型可以選擇。

ディープモイスト
深層保濕型

モイスト
混合肌型

アクネケア
痘痘肌保養型

オイルコントロール
控油型

スムースクリア
毛孔潔淨型

NIVEA
クリアビューティー
弱酸性泡洗顔 皮脂すっきり

🏠 ニベア花王

💴 150mL 599円

不帶走肌膚滋潤感，卻可以徹底潔淨皮脂，相當適合混合肌使用的潔顏泡。細緻的潔顏泡當中，含有荷荷芭油與角鯊烷等美肌成分，因此能在確實潔淨T字部位油光的同時，發揮乳霜密封般的滋潤感。

MELANO CC
ディープクリア
酵素洗顔

🏠 ロート製薬

💴 130g 715円

2023年的藥妝店潔顏產品熱賣款。同時融合活酵素、維生素C與白泥，號稱是日本首款酵素潔顏乳。同時擁有酵素分解毛孔髒汙和白泥吸附潔淨毛孔的能力，再加上維生素C潤澤肌膚作用的助攻，使它一上市就成為新一代的潔顏定番。

肌美精
CHOIフェイスウォッシュ
薬用ニキビケア

🏠 クラシエ

💴 110g 605円

搭配抑菌防乾荒的雙重藥用成分，適合痘痘不穩肌使用的潔顏乳。除了美肌保濕成分之外，也添加能夠潔淨毛孔粉刺的酒石酸，讓膚觸能夠顯得更加滑順。使用起來是帶有放鬆作用的草本精油香。（医藥部外品）

suisai beauty clear
パウダーウォッシュ

🏠 カネボウ化粧品

💴 0.4g×32個 1,980円

日本藥妝店裡幾乎人人必掃的定番洗顏粉。添加2種酵素與胺基酸潔淨成分，能溫和且確實潔淨毛孔髒汙。過去推出許多季節限定款或聯名款，目前的定番類型則有基本款、去油款及滋潤款三種類型。

N

經典不敗的白色基本款。添加玻尿酸為基底的保濕成分，讓肌膚在洗後不會乾澀緊繃。

ブラック

適合油田人的黑色去油款。額外添加炭粉及摩洛哥熔岩礦泥，特別適合T字部易泛油光的人。

ゴールド

專為乾燥肌開發的金色滋潤款。額外添加葵花籽油與酪梨油，大幅提升洗後的潤澤感。

珂潤Curél
潤浸保濕超微米精華噴霧

研發耗費7年且試作超過千次
集結品牌堅持於一身
出自日本乾燥敏感肌用保養銷售NO.1品牌※

（※根據日本Intage公司SRI市場調查研究（調查期間為01.Jan,2017〜31.Dec,2021），Curél為日本開架市場銷售金額第一名的乾燥敏感型肌膚保養品牌。）

若你問起日本人，最推哪個乾燥敏感型保養品牌，相信不少人都會大推研究肌膚潤澤成分「神經醯胺」超過30年，專為乾燥性敏感型肌膚設計保養品牌的領頭羊「珂潤Curél」。乾燥敏感型肌膚主要是因為「神經醯胺」的缺乏而起，珂潤的神經醯胺保養，能補足肌膚內本身的神經醯胺機能，使肌膚不易因外部刺激引起不適，維持肌膚彈嫩，充滿滋潤。由於質地溫和，因此成為日本藥妝店中備受擁戴，且全家都適用的保養品牌。

珂潤Curél在2020年春季推出的潤浸保濕超微米精華噴霧，採用的是日本革新超微米化技術配方，將獨家的潤浸保濕Ceramide成分細微化至原有噴霧的1/50大小。親膚性與滲透力表現都極佳，且噴霧罐有三種尺寸，包括方便攜帶的隨身罐。對於因為全身肌膚屏障機能低下，導致乾燥脫皮或掉屑的人來說，相當推薦用來隨時噴在全身需要加強保養的部位。

推薦使用POINT

- ● 隨時隨地，一罐就可以防止肌荒及保濕護理
- ● 完妝後使用可預防乾燥脫妝
- ● 強化潤澤不易保養的背部
- ● 男性刮鬍後穩定乾荒膚況
- ● 滋潤孩童柔嫩敏感的肌膚

顛倒瓶身也能正常使用，維持一定噴力直到最後。就連平時難以保養的背部與腰部，也能輕鬆保養。

Curél
ディープモイスチャースプレー

 花王

 60g　990円　/　150g 1,980円
250g 2,750円

BLOOMIO

世界首創※1藍色神經醯胺※2 聚焦「老化炎症」引發的肌膚乾燥 抗齡保養※3新概念!

最近是否常常感到肌膚乾燥暗沉※4、氣色不佳？肌膚出現的亞健康※5訊號，很有可能是因為體內正在發生「老化炎症」，引發了肌膚的乾燥問題。

成功推出肌研、MELANO CC、Obagi等眾多人氣保養品牌的樂敦製藥，著眼於「老化炎症」引起的肌膚加齡問題，於2023年秋季推出了全新的抗齡保養※3品牌BLOOMIO。

BLOOMIO中所含的藍色神經醯胺※2成分，是通過將奈米級的發酵神經醯胺與天然藍色機能保濕成分Sodium Gualenate Hydrate

相結合而成。這一全球首創※1的成分，超越了作為保濕成分的傳統神經醯胺，同時具備保濕與抗齡保養※3兩種機能。

BLOOMIO能從肌膚亞健康※5的根源※6發揮作用，打造明亮通透、柔滑緊緻的肌膚狀態。

※1 ロート製薬首次使用奈米化發酵神經醯胺PLUS（Dihydroxylignoceroyl Phytosphingosine、神經醯胺-6-Ⅱ（皆為保濕成分））為原料之化妝品。
※2 Dihydroxylignoceroyl Phytosphingosine、神經醯胺-6-Ⅱ、占阿若連磺酸鈉皆為保濕成分。
※3 因應年齡的護理。
※4 因乾燥而引起。
※5 因老化使肌的乾燥引發的肌膚狀態不佳。
※6 經年累月因乾燥或紫外線等原因所造成的乾燥損傷。

BLOOMIO
ディープブーストセラム
（販売名：RロートBMセラム）

🏠 ロート製薬

¥ 25g 3,850円

外觀呈現神奇透明藍色的導入精華。添加全系列當中濃度最高的藍色神經醯胺※2，再搭配可以穩定肌膚的成分與保濕成分。具備相當優秀的滲透感，能在保養的第一個步驟深入滲透角質層之中，為後續保養打好穩固的基礎。

BLOOMIO
ディープモイストローション
（販売名：RロートBMローション）

🏠 ロート製薬

¥ 145mL 3,520円

在導入精華後使用的高親膚性藍色化妝水。塗抹於臉部肌膚的瞬間，會快速滲透角質，同時像是與肌膚融為一體般地形成一道潤澤膜，注入滿滿的水潤保濕感。

BLOOMIO
モイストリペアクリーム
（販売名：RロートBMクリーム）

🏠 ロート製薬

¥ 30g 4,400円

質地雖然略為濃潤，但在接觸肌膚後便會緩緩化開並滲透肌膚的淡藍色乳霜。除了主打的保濕成分藍色神經醯胺※2之外，還搭配適合輕熟齡肌的熱門保濕成分菸鹼醯胺。能夠牢牢鎖住水分，潤澤力極佳，但使用起來卻不黏膩。

化妝水乳液

抗齡

SHISEIDO VITAL PERFECTION
ブライトリバイタル

🏠 資生堂

💴 ローション エンリッチド （水）150mL　9,900円
　エマルジョン エンリッチド（乳）100mL　11,000円

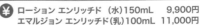

誕生於2014年，在品牌年滿10年時所推出的全新美白抗齡水乳組。融合最新的抗齡科技，採用紅花萃取物，以及資生堂獨家的美白成分4MSK，能抑制黑色素生成，進而預防斑點出現，並應對多種美肌保養需求，打造清透有彈力，且能散發出耀眼明亮感。除此之外，滲透力與保濕力的表現也相當優秀。

抗齡

episteme
ステムサイエンス

🏠 ロート製薬

💴 ローション （水）150mL　16,500円
　エマルジョン（乳）45g　16,500円

來自樂敦製藥再生醫學的抗糖科技新技術，在2022年榮獲各大美妝排行榜肯定的抗齡紫源賦能水乳組。添加Stem S complex、Stem Full Complex及Stem Energy Complex三大獨家再生醫學技術，能夠針對彈力根源喚醒肌膚原有的彈潤力。略帶稠度的化妝水入膚即融，能瞬時滲透並發揮出色的潤澤感。乳霜狀的乳液則帶有絲滑膚觸，能讓肌膚更顯柔嫩有彈力。

保濕

雪肌精みやび

🏠 コーセー

💴 アルティメイト ローション　（水）200mL　11,000円
　アルティメイト エマルジョン（乳）140mL　11,000円

承襲雪肌精和漢植物保養的核心理念，於2020年推出的雪肌精御雅極奧水乳組。採用當歸、土白蘞和金櫻子等獨家的東洋草本成分外，還搭配富含維生素C的薏仁R2萃取成分以及多種保濕植萃成分，追求雪肌精品牌核心理念中的極致清透感。

抗齡

Obagi X
フレームリフト

🏠 ロート製薬

💴 ローション　（水）150mL　5,500円
　エマルジョン（乳）100g　5,500円

主打從根源追求肌膚緊緻感的Obagi X系列，在2023年秋季推出全新的抗齡水乳組。樂敦製藥從皮膚科學角度，研究臉部肌膚與重力之間的關係，從「抗重力」的角度出發，開發出能夠連結表皮與真皮的「拉提彈力蛋白」。採用先進的奈米晶球技術，能大幅提升肌膚滲透力。化妝水號稱蘊含1兆個奈米晶球，能透過優秀的滲透力將抗齡成分深入肌膚。

保濕

ELIXIR
リフトモイスト

🏠 資生堂

💴 ローション SP （水）170mL 3,300円
エマルジョン SP(乳)130mL 3,850円

運用資生堂長達40年的膠原蛋白研究成果所開發的全新抗齡保養系列。承襲「水玉光」這個品牌核心概念，以「M-BOUNCER CP」膠原精華為基礎，搭配「超微滲透保濕精華」，能夠滿足水潤保濕、緊緻彈力及光滑細緻等保養需求。（医薬部外品）

美白

ELIXIR
ブライトニング

🏠 資生堂

💴 ローション WT （水）170mL 3,630円
エマルジョン WT(乳)130mL 4,290円

2023年春季上市後，只花4個月就銷售炎破百萬罐的抗齡美白水乳組。承襲ELIXIR品牌的水玉光核心保養理念，可讓肌膚由內向外散發出清透感與緊緻感。同時搭配資生堂獨家的美白成分4MSK，能讓充滿膨潤感的肌膚更顯透亮。（医薬部外品）

保濕

Curél
潤浸保湿

🏠 花王

💴 化粧水 150mL 2,090円
乳液 120mL 2,090円

上市超過20年，日本開架乾燥性敏感肌保養品牌中的經典水乳組。採用花王獨家的潤浸保濕Ceramide成分，能保護肌膚中原有的神經醯胺不流失，同時搭配消炎成分以安撫不穩的敏感膚質。化妝水方面有Ⅰ清爽型、Ⅱ清潤型和Ⅲ潤澤型三種類型，可依照膚況或季節選擇。（医薬部外品）

保濕

Carté
カルテHD

🏠 コーセー

💴 バランスケア ローション （水）150mL 1,980円
バランスケア エマルジョン (乳)120mL 1,980円

來自高絲敏感肌保養品牌的毛孔調理水乳組。針對敏感肌當中常見的毛孔粗大、皮脂分泌過剩，同時又顯乾燥的複雜膚質所開發，添加獨家的類肝素物質HD，同時搭配多種抗發炎與保濕成分，發揮優秀的補水防乾荒作用。考量到敏感肌特質，化妝水及乳液的質地帶有稠度且滑順，使用時不會對脆弱的膚況造成拉扯刺激。（医薬部外品）

保濕

菊正宗
日本酒の化粧水
ハリつや保湿
日本酒の乳液

🏠 菊正宗酒造

💴 （水）500mL 1,320円
（乳）380mL 990円

在日本海內外皆有高人氣的日本酒水乳保養組。紅色瓶身的化妝水，是2022年所推出的抗齡保濕款，不僅承襲基本款的胺基酸、熊果素及胎盤素等保濕美白成分，還新增抗齡成分菸鹼醯胺。500mL大容量，可說是CP值極高的抗齡保濕化妝水。另一方面，乳液也是高CP值的380mL，不只是臉部，其實還可以同時用來保養頸部或全身肌膚。

Calamee
カラミンノーセバム

🏠 ロート製薬

¥ ローション(水)180mL　990円
　 ジェル　（凍）70g　1,320円

樂敦製藥於2023年推出的全新控油保養品牌。主成分卡拉明，是一種由氧化鐵與氧化鋅混合而成，外觀呈現粉紅色的礦物粉末。從西元前1世紀開始，就被希臘人廣泛添加於保護發炎部位的藥品當中。Calamee則是活用卡拉明的收斂作用，開發出這個能夠吸附多餘皮脂，消除惱人油光的新概念保養系列。相當適合油田肌或毛孔粗大者，用來打造乾爽滑嫩的膚觸。

SHISEIDO EUDERMINE
エッセンスローション

保濕

🏠 資生堂

¥ 145mL　9,680円

誕生於1897年的紅色夢露，在2023年推出全新版本。從120多年前，就以「紅色化妝水」聞名全球的新生紅色夢露，這回採用資生堂的獨家技術，將美容成分的粒子細微化，提升肌膚滲透力，發揮令人驚豔的跨時代保濕力。一上市就稱霸各大美妝榜，堪稱是2023年關注度最高的化妝水之一。

薬用雪肌精
ブライトニング エッセンス ローション

美白

🏠 コーセー

¥ 200mL 3,850円 ／ 350mL 5,940円

長銷38年的傳奇化妝水於2024年3月改版升級。除了雪肌精原有的高濃度薏仁萃取物等和漢精華之外，還新添加甘草萃取物，再搭配KOSE獨家的磷脂質技術，將保養油水成分包覆膠囊化，大幅提昇使用體感，可同時應對肌膚乾荒與斑點形成的問題。不僅能作為化妝水，也能搭配化妝棉針對重點部位進行濕敷保養。（医薬部外品）

SOFINA iP
角層トリートメント 基礎化粧液

保濕

🏠 花王

¥ 160mL　2,420円

2023年秋季新品中，注目程度極高的保濕型化妝水。質地略為濃密的化妝液，堪稱是花王的40年皮膚科學研究結晶。採用獨家的角質保水技術，將保濕重點鎖定在角質調理上，不僅能讓滋潤成分滲透至角質細胞，還能同時鎖住肌膚水分不外流。

LISSAGE
スキンメインテナイザー DX

抗齡

🏠 カネボウ化粧品

¥ 180mL　11,000円

LISSAGE在品牌誕生滿30週年時所推出的全新抗齡版本。除系列核心的膠原蛋白複合成分之外，還添加這幾年日本相當熱門的撫紋成分菸鹼醯胺，可兼顧保濕與追求緊緻的保養需求。獨特的噴頭設計，能簡單擠出需要的用量，大大提升使用上的便利度。香味方面，則是品牌特有的草本舒緩精油香。（医薬部外品）

AYURA
リズムコンセントレート ウォーター

🏠 アユーラ

💴 300mL 4,400円

專為現代人生活不規律，或是環境因素所引起的慢性乾荒肌問題所開發的高滲透保濕化妝水。添加8種美肌成分，可加強調理、潤澤及修復承受日常壓力的乾荒肌。搭配AYURA拿手的東方調香氛，使用起來能令身心倍感放鬆。

IPSA
ザ・タイムR アクア

🏠 イプサ

💴 200mL 4,400円

瓶身猶如流水般帶有曲線的設計，辨識度超高的流金水堪稱是化妝水經典之一。添加獨家保濕成分Aqua Presenter III，能在肌膚表面形成一道鎖水層，即便質地清爽如水，也能發揮優秀的保濕補水力。（医薬部外品）

DR.CI:LABO
スーパーホワイト377VC ローション

🏠 ドクターシーラボ

💴 150mL 4,950円

DR.CI:LABO招牌美白精華液SUPER 377VC的化妝水版本。除核心美白成分Nano W377之外，還結合眾多亮白、抗暗沉、保濕及修復成分，是一款多機能，可提升肌膚清透度的美白化妝水。

do natural
オイルバランシングローション

🏠 ジャパン・オーガニック

💴 150mL 2,750円

90％為天然成分的植萃控油化妝水。主成分是萃取自稻米的葡萄糖基神經醯胺，能發揮不錯的保濕與肌膚防禦機能。質地極為清透，非常適合油性肌或毛孔粗大者使用。揉合天竺葵、薰衣草與迷迭香100％精油，調配出清新又具有療癒感的清新香氛。

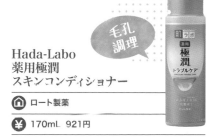

Hada-Labo
薬用極潤 スキンコンディショナー

🏠 ロート製薬

💴 170mL 921円

樂敦極潤系列中，持續擁有高人氣的健康化妝水。基底是極潤的品牌核心成分玻尿酸，搭配薏仁及魚腥草等多種具備舒緩作用的和漢植萃成分，相當適合用來安撫痘痘肌與乾燥不穩肌。（医薬部外品）

特殊保養

前導精華

ASTALIFT
ホワイト ジェリー アクアリスタ

🏠 富士フイルム

💴 40g　11,000円

富士軟片最為經典的記憶凝凍美白版本。除獨家奈米化雙重人型神經醯胺、蝦紅素及茄紅素等保濕抗氧化成分之外，還搭配美白成分熊果素。適合在洗完臉後的第一道保養程序使用，為後續保養完美打底。(医薬部外品)

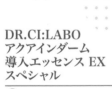

DR.CI:LABO
アクアインダーム 導入エッセンス EX スペシャル

🏠 ドクターシーラボ

💴 50mL　7,700円

採用獨家多重層微脂囊體高滲透配方以及肌膚修復配方的抗齡型前導精華。質地濃密，能瞬間潤澤乾燥肌膚，提升膚觸的柔嫩度和緊緻度。搭配來自植物的次世代胎盤素，可深層調理因為乾燥而受損的熟齡肌。

SOFINA iP
ベースケア セラム <土台美容液>

🏠 花王

💴 90g　5,500円

在日本連續7年奪下美妝榜冠軍，可説是日本碳酸泡前導精華的代名詞。主打特色是單次使用量中，多達2,000萬個僅有毛孔1/20大小的細微碳酸泡，能完美潤澤並活化肌膚循環，幫後續保養做好前置作業。在2023年秋季最新改版中，更是將碳酸精華的滲透量提升了1.3倍，且升級後的碳酸泡的膚觸真是令人愛不釋手。

LISSAGE
コラゲリードSP

🏠 カネボウ化粧品

💴 50mL 5,500円

誕生自30年膠原蛋白研究，同時添加菸鹼醯胺
與甘草酸鉀這兩種安撫不穩肌成分的保濕前導
精華。使用時帶有天然精油的舒緩香氛，能在
塗抹臉部的瞬間形成潤澤層，並且感受到明顯
的緊緻感與柔嫩膚觸。（医薬部外品）

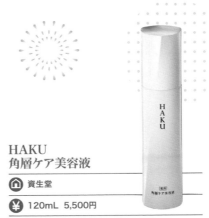

HAKU
角層ケア美容液

🏠 資生堂

💴 120mL 5,500円

能透過濃密滋潤作用柔化角質，讓美白保養事
半功倍的角質調理精華。質地濃密滑順的精華
液當中，含有多種美白、保濕、柔化及抗乾荒
成分，適合在美白精華保養之前，搭配化妝棉
以擦拭的方式，溫和柔化角質層，讓肌膚充滿
純淨的清透感。（医薬部外品）

ONE BY KOSÉ
セラム ヴェール

🏠 コーセー

💴 60mL 5,500円

帶領ONE BY KOSÉ在日本保養業界打下穩固基礎
的前導保濕精華。主成分是高絲最為拿手的
「精米效能淬取液NO.11」，能針對神經醯胺不
足所引起的乾燥問題，改善肌膚本身的保水
力，藉此提升整體的潤澤密度。優秀的高滲透
配方，能快速深入角質柔化肌膚，提升後續保
養的吸收力。（医薬部外品）

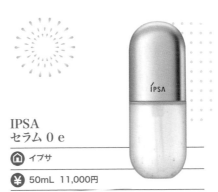

IPSA
セラム０ｅ

🏠 イプサ

💴 50mL 11,000円

專為肌膚乾燥、毛孔粗大及痘痘等多種肌膚困
擾所研發，可提升肌膚清透感及柔嫩感的前導
精華液。質地清透滑順，可搭配淋巴按摩手
法，促使肌膚及臉部線條顯得更加緊緻。（医
薬部外品）

特殊
保養

保濕精華

DECORTÉ
リポソーム アドバンスト
リペアセラム

🏠 コーセー

¥ 50mL 12,100円

堪稱是黛珂經典台柱的保濕美容液。自1992年上市以來，就一直是廣受支持的保濕聖品。在最新一次的改版中，將包覆保濕成分的多重層微脂囊體變得更加細微，讓每一滴精華液當中都含有1兆個直徑僅有0.1微米的多重層微脂囊體。質地清透且滲透力極為優秀，能同時應對乾燥、暗沉、毛孔粗大及肌膚緊緻度等多種美肌需求。

雪肌精 CLEAR WELLNESS
V セラム

🏠 コーセー

¥ 50mL 9,350円

採用來自日本自然植萃成分，提升保濕水潤屏障質與量的高機能保濕精華。添加獨家的植萃成分逸透華，再搭配高濃度的黑酵母發酵液，能為失去彈力與活力而略顯疲態的肌膚，注入滿滿的水潤感，讓膚紋顯得細緻且膨潤。

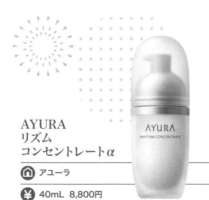

AYURA
リズム
コンセントレートα

🏠 アユーラ

¥ 40mL 8,800円

AYURA最具代表性，帶有療癒東方香調的保濕精華。採用珍稀抗壓成分「日本金松萃取物」，同時搭配多種具修復、強化防禦和保濕潤澤成分，可幫助因壓力而受損的肌膚，重新找回原有的調節規律性和健康度。

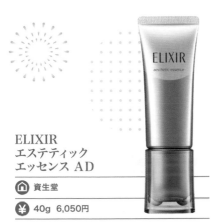

ELIXIR
エステティック エッセンス AD

🏠 資生堂

¥ 40g 6,050円

搭配獨家按摩滾輪，只要短短的三分鐘，就能刺激臉部穴道與表情肌，對付視覺顯老的木偶紋。美容成分是AI科研級的緊顏複合配方Tightkeep CP，搭配咖啡因GL與系列共通的雙重彈潤複合成分，能夠養出品牌主打的膨彈亮水玉光。

ELIXIR
デザインタイム セラム

🏠 資生堂

¥ 40mL 4,950円

來自資生堂先進抗齡研究成果，採用獨家肌膚抵抗初老關鍵成分「時控修護複合精華Fill up CP」，能夠實現45度側臉完美膨彈亮水玉光的抗齡精華。質地輕透，可持續滲透至肌膚底層，有效拉提肌膚，對抗鬆弛問題，並提升肌膚的緊緻度與清透感。

DHC
スーパーコラーゲン スプリーム

🏠 DHC

¥ 100mL 5,060円

採用獨家的高濃度294超級胜肽，堪稱DHC旗下最熱賣的保濕精華之一。質地就像化妝水一般清爽且滲透性極佳，卻能發揮相當優秀的保濕力。精華液產品中少見的100毫升大容量，CP值算相當高。

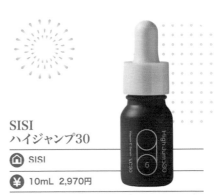

SISI
ハイジャンプ30

🏠 SISI

¥ 10mL 2,970円

主成分是穩定性與保濕力表現都相當優秀的保濕型維生素C衍生物。最大的特色，是市面上極為罕見，濃度高達30％的維生素C精華液。搭配來自法國IHT獨家研發的玫瑰萃取物及菸鹼醯胺，對於抗齡保養與毛孔調理也都有不錯的表現。香氣帶有淡淡玫瑰調香，不僅是單純維生素C傳統的柑橘味。

特殊
保養

抗齡精華

Clé de Peau Beauté
セラムラフェルミサンＳ n

🏠 資生堂

¥ 40g 36,300円

研發概念來自再生醫學的頂級高機能抗老精華。耗費10年研發，利用獨家成分「金黃雙花賦活精萃」打造逆齡雕塑技術，由內向外延緩肌膚時間流動。在整體的使用感上，不只是提升肌膚彈潤度，就連肌膚緊緻度也有相當即時的體感。採用珍稀蘭花與天然玫瑰所調合的優雅清香，更能在按摩全臉時帶來舒緩身心的知性體驗。（医薬部外品）

episteme
ステムサイエンス
RXショット

🏠 ロート製薬

¥ 8mL×4瓶 41,800円

集結日本樂敦製藥的再生醫學研究結晶，融合獨家細胞培養技術成分的密集修護抗齡精華。添加世界首創的Stem CM幹細胞成分，號稱能夠喚醒肌膚彈力，並使膚況顯得透亮細緻。適合用來應對法令紋及額頭、眼周細紋等歲月痕跡。

DR.CI:LABO
エンリッチ
メディカリフト
デュオセラム

🏠 ドクターシーラボ

¥ 26mL 12,100円

完美融合精粹維生素A與高滲透維生素C的雙層式精華。使用祕訣是塗抹前2秒再搖晃瓶身，讓分層的兩種成分充分融為一體。可同時滿足彈力、緊緻、保濕、毛孔、細緻、透亮等多種肌膚抗齡保養需求。塗抹瞬間就能感受到顯著的滋潤光澤感與迷人的大馬士革玫瑰香。

AYURA
プランプコンセントレート

🏠 アユーラ

¥ 40mL 11,100円

鎖定調理壓力產生之老化細胞的抗齡精華。添加修復、強化及保護細胞基底膜的美肌成分，將肌膚環境打造成適合產生有活力的「年輕細胞」，藉此提升肌膚密度與張力。質地上偏濃密，且帶有迷迭香及香檸檬精油所調合而成的草本調香。

REVITAL
ナイトセラム

🏠 資生堂

💴 20mL 9,900円

融合聚焦維生素A與三大珍稀植萃，號稱三天就能看見肌膚逆齡新生的日本首創油精粹。睡前最後一道保養程序使用，就能在肌膚表面形成水潤膜，同時鎖住並注入肌膚潤澤感。（医薬部外品）

ASTALIFT
ザ セラム マルチチューン

🏠 富士フイルム

💴 40mL 7,700円

富士軟片採用多年的奈米化技術，研發出獨家的含咖啡因受透型多層微脂體。加上近年火紅的保養成分菸醯醯胺，再搭配多種保濕美肌成分。質地是相當清爽的凝凍狀，是一瓶可同步滿足撫紋、美白及提升膨潤感的多功能抗齡精華液。（医薬部外品）

DHC
クイーンオブ セラム

🏠 DHC

💴 90g 8,800円

主成分中的蜂王漿萃取胜肽，能促使肌膚代謝與再生，同時活化人體中600種與羊肌相關因子。此外還搭配維生素A以及水解珍珠蛋白等抗齡成分，適合用於對付彈力不足、蠟黃及細紋等老化帶來的肌膚困擾。

Obagi
ダーマパワーX
ステムリフトセラム

🏠 ロート製薬

💴 30mL 5,500円

樂敦製藥同時融合膠原蛋白與彈力蛋白，搭配獨家的高滲透技術，能用來對付臉部小細紋和肌膚鬆弛無彈力等困擾的抗齡精華。在最新一次的改版中，新增全新的拉提複合成分。就醫美概念的抗齡保養精華來說，算是CP值偏高的入門款。

TUNEMAKERS
レチノール誘導体

🏠 ラフラ・ジャパン

💴 10mL 1,980円

可搭配現有保養品一起使用的維生素A衍生物原液。特別注重6種成分的無添加，因此敏弱肌族群也能使用。由於不具有光毒性的成分，所以就連白天也能使用。

TRANSINO傳皙諾
從根源阻斷黑色素的美白保養系列
誕生自日本藥廠的色斑研究

傳明酸,來自日本藥廠研發技術
肌膚白皙不返黑的熱門美白成分

　　品牌誕生於2007年的TRANSINO傳皙諾,最早是針對肝斑所開發的內服藥物。直到2010年,才從色斑研究中衍生出傳明酸美白保養系列,而首款商品正是整個品牌人氣度最高的美白精華。

　　在眾多主流美白成分中,傳明酸可說是相當熱門的類型,不少知名美白保養品,都選用傳明酸作為主成分。傳明酸於1965年由第一三共所研發,是一種人工合成的氨基酸。當年的傳明酸其實是作為止血劑所用,但在後來的色斑研究中,發現傳明酸能夠深入根源抑制肌膚發炎,進而發揮預防黑斑形成的效果,因此TRANSINO傳皙諾便運用原創藥廠累積近50年的研發技術,陸續推出內服藥與保養系列,成為全方位的傳明酸美白品牌。

TRANSINO®
薬用メラノシグナル
エッセンス

🏠 第一三共ヘルスケア

¥ 30g　4,500円
　 50g　6,300円

TRANSINO傳皙諾品牌中的明星美白精華。在2023年春季推出第4代改版,除承襲原有的高滲透力傳明酸配方以及濃密保濕質地外,這次還升級奈米微脂囊體技術和雙重藥用成分,大幅提升美白保養體感。(医藥部外品)

👆 改版升級重點1
滲透力再進化的奈米微脂囊體技術

　　上一代當中,TRANSINO傳皙諾就已經採用奈米微脂囊體包覆傳明酸等美白保濕成分。在這次改版中則是技術再升級,讓包覆美肌成分的奈米微脂囊體體積再縮減一半,大幅提升滲透力表現。

👆 改版升級重點2
從根源徹底阻斷黑斑形成的徵兆

　　傳明酸的美白原理,是針對紫外線對肌膚內麥拉寧母細胞的黑色素生成訊號加以阻斷,以抑制黑色素沉澱與黑斑形成。這回TRANSINO傳皙諾將重點更鎖定在抑制皮膚發炎,從根本阻斷黑斑形成的源頭,因此新增具有抗炎作用的甘草酸二鉀,發揮加倍作用。

特殊保養

美白精華

Clé de Peau Beauté
セラムコンサントレ エクレルシサン n

🏠 資生堂

¥ 40mL 17,600円

質地宛如絲綢般滑順，融合資生堂獨家美白成分高濃度4MSK與m-傳明酸，再搭配能夠提升肌膚知性之美的亮肌複合精華，讓肌膚由內向外散發出亮白光彩的雲朵鑽光瓶。不只擊退暗沉，更能深層呵護紫外線、乾燥等環境因子所造成的受損肌膚。那股清澈優雅，令人愛不釋手的香氣，則是來自珍稀蘭花與天然玫瑰的精粹成分。（医薬部外品）

DECORTÉ
ホワイトロジスト ネオジェネシス ブライトニング コンセントレイト

🏠 コーセー

¥ 40mL 16,500円

結合日本傳統飲食與科技結晶，採用麴酸作為美白成分的黛珂經典美白精華。在2023年推出最新的第7代改版，號稱能夠從點、線、面全方位發揮淨白效果。在原有的美白效果上，新增研發超過15年的夏白菊萃取液，大幅提升肌膚潤澤力，強化應對乾燥引起的肌膚暗沉問題。（医薬部外品）

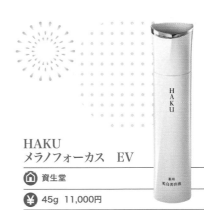

HAKU
メラノフォーカス　EV

🏠 資生堂

¥ 45g 11,000円

2023年春季推出的第九代驅黑淨白露。自2005年上市以來，在日本連續18年奪下美白精華銷售冠軍，堪稱是日本美白精華的代名詞。最新一代的驅黑淨白露不只承襲m-傳明酸和4MSK這兩大核心美白成分，還搭配導入保濕成分，提升美白成分滲透力，提升深透肌膚的新體感。（医薬部外品）

SHISEIDO
WHITE LUCENT
イルミネーティング
マイクロS　セラム

🏠 資生堂

¥ 30mL 12,650円

號稱一星期就能速效亮肌，實現櫻花美透白
肌。主要美白成分是資生堂獨家的高濃度
4MSK，能改善角質層暗沉，抑制黑色素形成。
同時搭配能夠改善膚色不均的櫻花亮肌複合
物，及提升肌膚再生修復力的ReNeura Technol-
ogy+細胞感應重啟技術，是一瓶兼具美白與修
復保養的高效美白精華。（医薬部外品）

IPSA
ブライトニング　セラム

🏠 イプサ

¥ 50mL 13,200円

質地相當清爽的美白精華液，主要美白成分為
m-傳明酸及4MSK。2023年最新改版中，新增
能讓膚色均一明亮的獨家成分「DM Optimizer」。
是一瓶透過提升肌膚清透度、角質透明度以及
改善膚色偏黃問題的全面調理型美白精華。
（医薬部外品）

AYURA
ホワイト
コンセントレート

🏠 アユーラ

¥ 40mL 9,350円

添加美白成分傳明酸、水溶性維生素C衍生物與
消炎成分甘草酸鉀，可應對黑斑及痘疤等黑色
素問題，同時安撫日曬後處於不穩狀態下的肌
膚。迷迭香及香檸檬精油所調合的草本調香
氛，也為這瓶質地偏滋潤的美白精華加分許
多。（医薬部外品）

ASTALIFT
ザ セラム
ブライトニング

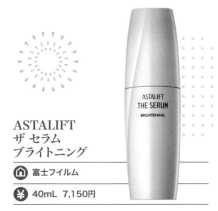

🏠 富士フイルム

¥ 40mL 7,150円

採用獨家滲透型多層微脂體，包覆能夠抑制黑
色素幹細胞分化的地榆萃取物。從根源著眼黑
細胞形成問題的同時，還搭配傳明酸及甘草酸
硬脂醇等美白抗發炎成分，可同時安撫日曬後
的不穩肌。（医薬部外品）

雪肌精みやび サイクレイター B

 コーセー

 50mL 6,600円

不只美白，還能打造光潤彈美肌的美白前導精華。採用菸鹼醯胺作為美白成分，搭配美肌菌和多種和漢保濕賦活成分，能讓肌膚顯得更加明亮清透。洗完臉後可擠1下塗抹於全臉，也能擠2～3下仔細按摩全臉。（医薬部外品）

ONE BY KOSÉ メラノショット W

 コーセー

40mL 5,830円

自2018年上市以來，便是眾多美妝榜的常勝軍，同時也是高絲旗下最為熱賣的美白精華。美白成分麴酸搭配獨家保濕配方，能夠深入直擊黑斑根源，發揮優秀的透白作用。改版後的質地更加清爽好吸收，在悶熱的夏季使用也不會覺得厚重。（医薬部外品）

DR.CI:LABO SUPER 377VC

 ドクターシーラボ

18g 5,720円

SUPER 377VC可說是DR.CI:LABO的美白明星商品，自2009年上市以來已經進化到第4代。核心美白成分Nano W377是結合獨家美白成分「W377」、高滲透維生素C「APPS」與「白金膠」的複合成分，適合用來對付暗沉與頑固斑點問題。

MELANO CC 薬用しみ 集中対策 プレミアム美容液

ロート製薬

20mL 1,628円

主成分為活性型維生素C，搭配3種具保濕作用的維生素衍生物，可同時滿足斑點及保濕等多種需求的集中保養精華。額外新增的維生素B6可抑制皮脂過度分泌，所以也很適合用來應對容易出油的痘痘肌問題。質地相當濃密，建議在睡前用4～5滴塗抹於斑點或易冒痘部位。（医薬部外品）

特殊保養

DR.CI:LABO
エンリッチ メディカリフト ニードルセラム

🏠 ドクターシーラボ

¥ 15mL 16,500円

號稱挑戰保養品業界極限，全球首創的微針精華。不只是撫紋抗齡成分精粹維生素A，還結合100％玻尿酸微針，能在沒有疼痛感的狀態下，幫精粹維生素A打開深入肌膚深層的通道。無論是額頭、嘴周的細紋或法令紋，都能發揮優秀的體感。

撫紋霜

SHISEIDO VITAL PERFECTION
リンクルリフト ディープレチノホワイト5

🏠 資生堂

¥ 20g 14,740円

主成分為純粹視黃醇，搭配4MSK與m-傳明酸等美白成分，以及2種抗乾荒成分，能同時應對抗皺、美白、潤澤及安撫等多項保養需求的美白抗皺霜。質地濃密，能讓肌膚顯得更加緊緻明亮，非常適合用來對付嘴角及眼周等部位的小細紋。（医薬部外品）

DECORTÉ
アイピー ショット プルリポテント ユース コンセントレイト

🏠 コーセー

¥ 20g 11,000円

同時結合撫紋成分菸鹼醯胺及美白有效成分傳明酸的黛珂IP.Shot全效漾活精粹。在與化妝水融合後會形成濃密的膏狀，能瞬間緊密服貼於肌膚每個角落，宛如敷上面膜一般，持續將美肌成分滲透至肌膚當中。適合用來應對肌膚緊緻度、光澤度與水潤度不足的問題。（医薬部外品）

ONE BY KOSÉ
ザ リンクレス S

🏠 コーセー

¥ 20g 6,380円

日本高絲推出的藥・美妝店平價版本的撫紋霜。主成分是兼具撫紋與美白作用的菸鹼醯胺，可用來改善表皮乾燥無張力和真皮缺乏彈力的問題。從成分組合來看，是CP值還蠻不錯的抗齡撫紋產品。（医薬部外品）

ELIXIR
レチノパワー
リンクル クリーム S

🏠 資生堂

¥ 15g 6,490円

上市6年以來熱銷至今，日本純粹視黃醇撫紋霜中的銷售人氣王。在2023年秋季首次進行升級改版，除主要的撫紋成分高純度維生素A之外，強化了柔膚成分，可應對肌膚表面過硬所帶來的細紋明顯狀態。（医薬部外品）

IPSA
ターゲットエフェクト
アドバンスト G

🏠 イプサ

¥ 23g 14,300円

以精粹維生素A融合獨家複合保濕成分Deep G Target及抗發炎成分甘草酸二鉀，可同時滿足撫紋、保濕與安撫不穩乾荒肌等多種保養需求。（医薬部外品）

ASTALIFT
ザ セラム リンクルリペア

🏠 富士フイルム

¥ （日用）5g 4,290円
　（夜用）18g 4,290円

市面上少見的日夜24小時撫紋精華。主要撫紋成分為當下熱門的菸鹼醯胺，搭配滲透型多層微脂體，包覆維生素B6與維生素C等美肌成分，可同時應對美白與撫紋兩大保養需求。香調基底為玫瑰花香，調合依蘭依蘭及鈴蘭等清新花香。（医薬部外品）

日用
可簡單塗抹於保養部位的精華棒，帶有SPF30，PA++的防曬係數，適合早上趕著出門的人使用。

夜用
質地濃密，能服貼包覆細紋，適合在夜間接力保養令人在意的小細紋。

DHC
薬用レチノAエッセンス

🏠 DHC

¥ 5g×3條 3,960円

DHC自創業初期就熱賣至今，主成分是近年火紅的撫紋抗齡成分維生素A醇的抗齡精華。搭配DHC拿手的橄欖油潤澤成分及胎盤素，能夠同時滿足撫紋、抗齡和亮白等熟齡肌保養需求。獨特的小容量鋁製軟管包裝，是為了防止維生素A醇因日照或氧化而變質。（医薬部外品）

毛孔調理
抗痘

Obagi
C25セラム ネオ

🏠 ロート製薬

¥ 12mL 11,000円

日本樂敦製藥耗費15年挑戰技術極限，維生素C濃度高達25%的多機能精華液。自2019年上市以來已獲獎無數，成為高濃度維生素C精華液的代名詞。可同時應對毛孔粗大、暗沉、鬆弛、膚紋紊亂以及乾燥引起之小細紋等問題，可說是功能性相當全面性的保養精華。（医薬部外品）

N organic
エンリッチ
&コンセントレート
VCエッセンス

🏠 シロク

¥ 30g 8,580円

基底為維生素C的毛孔調理型精華液。搭配維生素A及E，以及4種輔助肌膚增添緊緻度的植萃成分，所以也能同時應對肌膚緊緻度不足與暗沉等問題。質地略帶稠度，帶有相當不錯的潤澤感。

SOFINA iP
ハリ弾力注入
美容液

🏠 花王

¥ 40g 4,730円

當肌膚緊緻度不足時，毛孔可能就會變得明顯不光滑。針對這個問題，花王從500種美肌成分中，精選出數種緊緻成分，搭配獨特的凹凸服貼技術，能讓美肌緊緻成分確實服貼於肌膚每個細微角落。適合雙頰缺乏緊緻度的人，拿來提升肌膚的潤澤密度。

ASTALIFT
スパークル
タイト セラム

🏠 富士フイルム

💴 50g 4,400円

質地會由碳酸泡轉換為凝露狀，堪稱是毛孔保養新革命的調理精華。利用碳酸泡鍛鍊毛孔緊緻度，再搭配奈米美肌成分，可同時解決毛孔粗大，及毛孔問題所引起的肌膚鬆弛無彈力等保養困擾。

IPSA
ピンプルクリア

🏠 イプサ

💴 25g 3,520円

融合傳明酸及木醣醇，從提升角質防禦和保濕機能著手研發的抗痘精華。搭配甘草酸鉀，可協助安撫冒出痘痘的不穩肌。質地為輕透速乾的凝膠，塗抹後也能立即上妝。（医薬部外品）

TIMERESCUE
ニキトル薬用
アクネスポッツペースト

🏠 石澤研究所

💴 14mL 1,650円

專為紅腫痛的痘痘所研發，同時搭配2種消炎殺菌成分，以及皮脂吸收粉末的夜用急救型抗痘精華。使用前須搖晃均勻，略帶稠度的質地在塗抹後不會亂滴。採用速乾配方，塗完立刻倒頭就睡，也不怕沾染枕頭。（医薬部外品）

肌美精
CHOI薬用クリア
ジェリーショット

🏠 クラシエ

💴 15g 968円

同時添加水楊酸及甘草酸二鉀，再搭配高純度維生素C的抗痘美白兩用精華凝露。不僅能夠安撫不穩痘痘肌，還能針對痘疤發揮淡化作用。質地為速乾不黏膩的凝露，肌膚滲透表現也相當不錯。（医薬部外品）

乳霜

Clé de Peau Beauté
ラ・クレーム

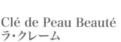
資生堂

💴 30g 66,000円

集結肌膚之鑰數十年的研究結晶，聚焦於肌膚緊緻度與彈力，讓肌膚重生修復之力發揮到顛峰的完美奢華乳霜。夢幻般的柔滑質地中，蘊含豐沛的「光采智能複合物」，搭配4MSK與維生素A衍生物，以及從數百種類型中精選出的珍稀酵母，可發揮保濕、美白、抗齡等全方面奢華保養機能。宛如寶石般綻放出耀眼光芒的瓶身，更是象徵著品牌「毫無妥協的美」。（医薬部外品）

雪肌精みやび
クリーム ネクタル

🏠 コーセー

💴 50g 55,000円

容器散發出優雅和風氣息的循環型乳霜。凝聚雪肌精御雅系列的嚴選成分和技術結晶，獨特的穿心蓮萃取液與眾多美肌成分，在智能活化技術下能喚醒肌膚張力、豐盈與清透感的高效能乳霜。質地相當濃密，卻能在塗抹後於肌膚上迅速化開並服貼滲透。極具特色的東方草本精油調香，也具有十分出色的身心舒緩作用。

episteme
ステムサイエンス
リフトクリーム

ロート製薬

💴 45g 36,300円

日本樂敦製藥從再生醫學的角度，利用獨家抗糖新技術所推出的抗齡緊緻乳霜。添加高濃度的獨家抗齡成分Stem Full Complex，質地濃密滑順的乳霜在迅速服貼肌膚後，不僅能夠發揮優秀的潤澤力，還能讓臉部線條更顯緊緻，藉此打造出富有彈力的立體美肌。

DR.CI:LABO
アクアコラーゲンゲル
エンリッチリフト EX プラセンタ

🏠 ドクターシーラボ

💴 120g 17,050円

DR.CI:LABO品牌中的ALL IN ONE全效凝露巔峰之作。不只是膠原蛋白與玻尿酸含量加倍，還搭配高濃度撫紋成分菸鹼醯胺，以及高濃度的稀有次世代胎盤素。洗完臉後只要一罐，就能滿足抗齡保養的所有需求。

Obagi X
ダーマアドバンスドリフト

🏠 ロート製薬

💴 50g 11,000円

運用樂敦製藥的皮膚科學研究，不只提升膠原蛋白與彈力蛋白含量，還能重新建構真皮構造的抗齡乳霜。乳霜本身的質地偏向濃厚且含有形狀記憶成分，針對肌膚鬆弛部位，搭配往上拉提的塗抹手法，就能立即感受到神奇的物理性拉捉體感。

DR.CI:LABO
エンリッチ
メディカリフト クリーム

🏠 ドクターシーラボ

💴 28g 9,900円

從醫美科學的角度，活用精粹維生素A所研發的抗齡乳霜。號稱能夠同時針對肌膚表層與基底發揮作用，同時應對細紋與鬆弛等歲月痕跡。以大馬士革玫瑰為基底，採用9種植物精油所調合而成的香氛也具有不錯的身心舒緩作用。

SHISEIDO
ULTIMUNE
パワライジング　アイ
コンセントレート　III

🏠 資生堂

💴 15g 8,250円

資生堂紅妍超導循環肌活露的眼霜版，添加的關鍵精華成分高達10倍，可加強安撫眼周的小細紋。不只保濕撫紋，還能淡化黑眼圈，讓眼周肌膚更顯明亮平滑。另外搭配日本赤棗萃取物、胺基酸彈力複合物，能修復受損睫毛，讓睫毛更有彈性且健康。

do organic
ナーチャリング
クリームラディアント

 ジャパン・オーガニック

¥ 40g 7,700円

兼具抗齡及美白機能的和風有機乳霜。採用獨家日本國產有機穀物保濕成分，搭配安定型維生素C，能在確實潤澤肌膚的同時，發揮亮白肌膚的作用。獨特且充滿空氣感的輕盈質地，即便潤澤效果表現佳，在高溫潮濕的夏季使用也不覺得厚重。

ONE BY KOSÉ
セラム シールド

 コーセー

¥ 40g 5,500円

日本高絲ONE BY KOSÉ於2023年秋季所推出的最新成員，同時通過「改善肌膚保水力」與「改善細紋」兩項效能測試的保濕乳霜。主要的保濕成分是高絲擅長的「精米效能淬取液No.11」，搭配獨家開發的「美容水」，讓密封保潤表現優秀的膏脂劑型，使用起來也能輕透滑順好推展。（医薬部外品）

LISSAGE
ハイドロインパクト

 カネボウ化粧品

¥ 60g 5,500円

融合微粒子化技術及高分子技術所研發的ALL IN ONE凝凍。每一小勺凝凍中的美容油粒子，居然多達150兆個，使用起來不僅沒有黏膩感，還能在肌膚表面形成彈潤緊緻膜。略帶清涼感的凝凍，帶有舒服的柑橘、生薑清香，在悶熱的夏季使用也不覺得厚重。

ROAliv
ハニーポット
ドリームオブザナイト

 ロアリブ

¥ 80g／4,400円

添加發酵玫瑰蜜、珍貴北海道洋槐蜂蜜，和多種抗齡、潤澤、賦活及代謝循環機能成分的晚安美夢面霜。每日塗上面霜後建議搭配40秒按摩，就能透過循環促進作用，解決肌膚暗沉、黑眼圈、緊緻度不足、水腫與乾燥等問題。質地滑順好推展，帶有淡淡的蜂蜜香，很適合睡前用來安撫疲憊一天的肌膚。

Magnifique
リンクルリフト
ジェルクリーム

コーセーコスメポート

¥ 100g 3,300円

針對男性獨特膚質所研發的ALL IN ONE全效抗齡霜。抗齡有效成分菸鹼醯胺搭配植萃保濕成分，適合在洗臉或刮鬍後用來調理不穩的肌膚。嘴角及眼角等細紋較明顯部位，建議可以採疊搽的方式強化保養。（医薬部外品）

薬用 シミエースAX MENクリーム

🏠 クラシエ

💴 25g 1,188円

專為男性膚質所研發，可強化應對臉部黑斑問題的局部保養霜。同時添加高濃度維生素A、高純度維生素C以及持續型維生素E，能發揮保濕透白機能。適合臉頰及眼尾容易因日曬而形成明顯黑斑的男性使用。（医薬部外品）

宛如初雪般輕柔
輕壓後卻化為乳霜的
新型態保養單品

RISM ワタユキ クリームパウダー

🏠 SUNSMILE

💴 20g 2,200円

外觀看似蜜粉，但只要輕輕按壓，包覆在粉體當中的美容油成分，就會迅速滲透並滋潤肌膚。使用時帶有一股舒服的沁涼感，膚感清爽不黏膩，不僅使用後不會造成頭髮黏在臉上或脖子上，也不用擔心沾染到枕頭套上。對於不喜歡乳霜黏膩觸感的人來說，可說是相當值得入手的新型態單品。

低頭族必備!
別讓頸紋
使你顯老

RISM ブジャンガ クリーム

🏠 SUNSMILE

💴 50g 2,530円

現代人幾乎整天盯著電腦或手機看，不知不覺中就會因為頭部前傾或下壓，造成頸紋愈來愈深、明顯。為解決低頭姿勢所形成的頸紋問題，RISM採用恭鹼醯胺與植物性維生素A「補骨脂酚」等兩種時下熱門的抗齡成分，搭配多種和風花果保濕萃取成分，推出專門對付頸紋的頸部按摩霜。濃密滑順的質地，搭配療癒感十足的蜂蜜花香，很適合在睡前好好放鬆地加強保養容易暴露年齡的頸部肌膚。

LuLuLun Precious

每日保養重要的第一步 用敷的化妝水

　　LuLuLun誕生於2011年，在臺日兩地是無人不知曉的超人氣面膜品牌。整個品牌至今已累積熱銷超過17億片，是一手建立每日面膜市場的傳奇品牌。目前旗下的面膜系列超過7種，其中人氣度最高的莫過於專屬輕熟齡肌的LuLuLun Precious系列。

　　LuLuLun認為，敷面膜是最能體現肌膚吸收化妝水效率的保養類別，並能改善所有肌膚問題的根源──「乾燥」。因此，只要透過每天敷面膜的方式來取代化妝水保養程序，就能打造出充滿水潤感的健康膚質。

LuLuLun Precious面膜系列 的核心共通成分技術

　　採用獨特的「滲透型精華晶球」包裹嚴選美肌素材，並讓這些美肌素材持續不斷地滲透至肌膚角質深處。不僅如此，還搭配仿現人體22歲皮脂狀態的「L22®」，讓輕熟齡肌也能顯得柔嫩緊緻。

■ 滋潤型⇒
適合容易乾燥的輕熟齡肌

LuLuLun Precious RED(モイスト)

⌂ Dr.LuLuLun

¥ 7片 528円 / 32片 1,870円

精選2種來自稻米的美肌成分以及白米發酵液，能發揮優秀的滋潤力。適合對肌膚乾燥粗糙無彈力，或是乾燥引起的小細紋。

■ 平衡型⇒
適合容易狀態失衡的輕熟齡肌

LuLuLun Precious GREEN (バランス)

⌂ Dr.LuLuLun

¥ 7片 550円 / 32片 1,980円

融合3種神經醯胺與β-葡聚醣，能幫助肌膚維持水潤度，並讓膚觸顯得更加細緻滑順。相當推薦給在意肌膚乾荒或不穩肌的族群。

■ 清透型⇒
適合想提升清透度的輕熟齡肌

LuLuLun Precious WHITE (クリア)

⌂ Dr.LuLuLun

¥ 7片 528円 / 32片 1,870円

添加提升肌膚光澤感的維生素E，搭配改善暗沉問題的兒茶素胜肽，以及能夠提升清透度的奈良紫蘇萃取物。相當適合肌膚暗沉者用來提升清透緊緻感。

薬用LuLuLun

薬用ルルルン

不分季節與膚質
專門對付突發膚況的集中保養面膜系列

開發概念為「用敷的肌膚保健品」，是LuLuLun品牌史上第一個藥用保養系列，因此外盒包裝也設計成別具巧思的藥袋風格。

主打雙重機能的薬用LuLuLun系列有兩種類型，分別是主打能夠柔化膚質並打造滋潤水嫩肌的藍色「敏感肌＆保濕」款，以及打造亮白滑嫩肌的綠色「痘痘肌＆美白」款。相當適合想要透過集中保養，認真解決肌膚困擾的族群。

■ 痘痘肌＆美白⇒
適合想改善痘痘肌、肌膚暗沉問題的族群

薬用LuLuLun
美白アクネ

🏠 Dr.LuLuLun

¥ 21mL×4片 1,540円

美白成分傳明酸搭配消炎成分甘草酸鉀，能在發揮美白效果的同時，安撫因為長痘痘而處於不穩狀態的肌膚。在整個日本面膜市場中，是相當少見可同時兼顧美白與痘痘肌調理的薬用保養面膜。

■ 敏感肌＆保濕⇒
適合想改善肌膚發炎、乾荒問題的族群

薬用LuLuLun
保湿スキンコンディション

🏠 Dr.LuLuLun

¥ 21mL×4片 1,540円

針對敏感肌容易處於發炎不穩狀態的問題，採用抗發炎效果優秀的甘草酸鉀。同時，考量到敏感肌往往容易受到環境刺激且呈現乾荒狀態，因此特別強化肌膚防禦機能成分與敏感肌專用保濕成分。

系列共通的豪華美肌成分

追求體感的薬用LuLuLun系列在美肌成分方面也非常講究，其中使用於藍色版本的神經醯胺及薰衣草、牡丹、高麗人蔘、雪絨花，以及綠色版本的桑白皮、玫瑰果、芍藥、奇異果等多種植萃成分，能發揮相當優秀的保濕潤彈和張力光澤等整肌作用。當然，身為面膜專家的LuLuLun在面膜紙上也相當堅持，採用溫和的天然素材所製成，質地極為柔軟，不會對乾燥肌或痘痘肌產生刺激，而且服貼表現更是無懈可擊。

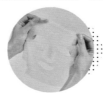
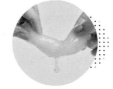

RISM面膜

著重調節肌膚節奏、日本果實與花草精華的時鐘基因保養面膜

生活繁忙的現代人，往往會因為作息不規律而造成肌膚節奏紊亂，而呈現不穩狀態。品牌核心鎖定在調節肌膚節奏的RISM面膜，採用日本長野縣葡萄籽萃取物，研發出獨家的時鐘基因，透過調律保濕機能來調節肌膚屏障的功能，相當適合生活不規律或睡眠不足的現代人。

RISM
デイリーケアマスク

🏠 SUNSMILE

¥ 7片 770円

RISM日常呵護面膜系列
採用100％天然植物的纖維素，打造出服貼度極佳的面膜布。只要5分鐘就能簡單完成多重保養步驟，適合在忙碌倉促的早晨快速完成上妝前的保養。

青橙清香

■ 平衡型

魚腥草×雙甘氨肽

適用於容易泛油光的混合肌，尤其適合皮脂分泌旺盛的男性。

花園甜香

■ 滋潤型

菸鹼醯胺×玻尿酸

優秀的潤澤效果，能讓膚觸更顯Q彈，適用於乾燥粗糙的肌膚。

陽光柚香

■ 清透型

維生素C衍生物×維生素E

能針對粗大毛孔發揮緊緻作用，讓肌膚更顯清透滑嫩。

紫蜂蜜香

■ 奢華型

補骨脂酚×菸鹼醯胺

添加雙重抗齡成分，專注於肌膚彈性與光澤，適合熟齡肌進行抗衰老護理。

滿滿的和風花果素材
揮別乾燥與暗沉的美肌保養

除獨家的時鐘基因成分外，RISM全系列還同時添加具備高保濕機能的柚子神經醯胺、具抗糖化作用的梅子萃取物、可提升肌膚清透度的芍藥根萃取物，以及抗齡效果備受期待的宇治茶萃取物。

青橙清香

平衡型

高濃度魚腥草
×高濃度雙甘氨肽

適合年輕族群或男性,用來調理皮脂分泌旺盛的毛孔。

陽光柚香

清透型

高濃度維生素C衍生物
×高濃度維生素E

適合所有年齡層用來強化清透保濕。

花園甜香

滋潤型

高濃度菸鹼醯胺
×高濃度玻尿酸

美容成分採用不易蒸發的凝凍狀,適合所有年齡層的人用來強化保濕與肌膚屏障機能。

RISM
ディープエクストラマスク

🏠 SUNSMILE

¥ 平衡型・清透型・滋潤型:1片 220円
奢華型:1片 330円

RISM深度修護面膜系列
RISM日常呵護面膜的升級版。整體成分組合相同,但主要的美肌成分都加強為高濃度版本,相當適合每星期進行1～2次的強化保養。

隙縫補丁設計
面膜保養無死角

RISM深度修護面膜系列中的平衡型、清透型與滋潤型等三款面膜布,除了眼睛切口可往下折,加強眼下肌膚護理外,左右側下方,均有一塊可以撕下的凸起部分。撕下後可貼於鼻翼等面膜無法完整包覆的區塊,讓敷臉保養完全沒有死角。

紫蜂蜜香

奢華型

高濃度補骨脂酚
×高濃度菸鹼醯胺

添加高濃度的植物性維生素A,較不易引起A酸性皮膚炎,因此適合膚質敏感的族群用來做抗齡保養。

不僅包覆全臉
還能全面呵護保養
下巴與頸部

主打抗齡保養的RISM深度修護面膜中的奢華型,不只能完整包覆全臉,面膜紙下半部的延伸部分可以拉提下巴與兩頰,同時恰到好處地包覆前頸部,且不會造成衣物領口被沾濕。

片狀面膜

REVITAL
レチノサイエンス
フェイシャルマスク

資生堂

¥ 18mL×6片　5,390円

添加抗齡成分純粹視黃醇及多種保濕美肌成分的光傷害抗齡面膜。面膜布本身符合亞洲人臉部線條，能緊密貼合皺紋凹凸部位，適合針對眼周、唇周和額頭等部位，進行集中調理膚況與皺紋等問題，是目前市面上相當少見且體感表現優秀的維生素A抗齡面膜。（医薬部外品）

TRANSINO®
薬用ホワイトニング
フェイシャルマスクEX

第一三共ヘルスケア

¥ 20mL×4片　1,980円

來自製藥大廠人氣美白品牌的集中美白護理面膜。每一片面膜當中所含的美白成分傳明酸，大約是65次美白精華的使用量。除此之外，還搭配多種保濕與抗發炎成分，適合用來安撫紫外線傷害後呈現不穩定及乾燥的肌膚。（医薬部外品）

DHC
クイーン オブ セラム
プレシャスマスク

DHC

¥ 22mL×3片　3,300円

DHC旗下熱賣的女王抗齡精華面膜。主成分採用能夠促使肌膚代謝與再生的蜂王漿萃取胜肽，以及維生素A和水解珍珠蛋白等抗齡成分，能夠同時滿足彈力不足、蠟黃及細紋等肌膚保養困擾。

Magnifique
モイスチュアクーリング ローション マスク

🏠 コーセーコスメポート

💴 5片 1,980円

專為男性外油內乾且毛孔粗大的獨特膚質所開發，質地相當清爽的保濕面膜。敷起來帶有舒服的薄荷微涼感和木質花香，相當適合在運動後或者是洗澡之後來調理男性水油失衡的肌膚。

肌美精
プレミア 薬用3Dマスク

🏠 クラシエ

💴 30mLx3片 1,100円

採用熱門撫紋成分菸鹼醯胺，再搭配玻尿酸與神經醯胺等保濕鎖水成分，能為乾燥的肌膚確實發揮補水機能。採用獨家的高服貼3D面膜布，能完整服貼於眼角、嘴角與眉間等容易形成細紋的部位。（医薬部外品）

Curél
モイストリペア シートマスク

🏠 花王

💴 4片 1,650円

乾燥性敏感肌保養品牌Curél珂潤所推出的保濕面膜。除主打的潤浸保濕Ceramide成分之外，還搭配按葉精華，可發揮優秀的密集補水修復力。面膜膚觸柔軟且服貼度佳，左右下方的突出部分為重點保濕貼片，可撕下來貼在任何想加強保養的部位。（医薬部外品）

毛穴撫子
ひきしめマスク

🏠 石澤研究所

💴 10片 715円

專為混合肌所研發的收斂＆保濕雙效面膜。結合小黃瓜與絲瓜萃取物的收斂作用，與玻尿酸和膠原蛋白的保濕作用，相當適合毛孔粗大的混合肌族群用來強化日常保養。

肌美精
CHOIマスク 薬用ニキビケア

🏠 クラシエ

💴 10片 825円

添加水楊酸及甘草酸二鉀等藥用成分，能安撫痘痘肌的每日面膜。在安撫痘痘不穩肌的同時，還能透過美肌與收斂成分，幫助痘痘肌常見的粗大毛孔更顯緊緻。（医薬部外品）

Saborino
薬用 ひたっとマスク WR

🏠 BCL

💴 10片 770円

懶人面膜Saborino所推出的薬用抗齡高保濕面膜。
除了神經醯胺、玻尿酸、膠原蛋白等多種保濕成
分，還搭配數種能調理膚況的B群，以及最重要的
抗齡亮白成分菸鹼醯胺。洗完臉後只要敷一片，
懶人也能快速完成抗齡保養。（医薬部外品）

肌美精
トリートメントマスク

🏠 クラシエ

💴 10片 825円

開發概念來自於日本自古以來的傳
統美容法，以潤澤乾燥肌膚的紫糙
米糠萃取物作為基底，再根據保養
需求搭配不同的美肌成分，同時推
出包裝極具可愛風格的兩款面膜。
採用質地滑順的生物纖維面膜材
質，敷起來的服貼表現相當優秀。

乾燥毛穴・肌

添加薏仁萃取物及神經醯
胺等多種保濕整肌成分，
適合用來加強保養因肌膚
乾燥而明顯的粗大毛孔。

肌荒れ・ひきしめ

添加積雪草與茶樹精油等
多種潤澤成分，可用來緊
緻及柔化僵硬的乾荒肌。

CLEARTURN
毛穴小町
テカリ源治 マスク

🏠 コーセーコスメポート

💴 7片 660円

鎖定應對油亮肌與毛孔粗大問題，融合多種保
濕和收斂成分的每日面膜。只要敷個8分鐘，再
用面膜紙的凹凸構造面輕輕擦拭全臉，就能在
調理膚況後順便帶走老廢角質，讓膚觸顯得更
加柔嫩。

CLEARTURN
ごめんね素肌
キニナルマスク

🏠 コーセーコスメポート

💴 7片 660円

添加兩種殺菌消炎成分，搭配多種保濕抗乾荒
與提升肌膚清透感成分的痘痘肌專用面膜。不
僅能夠安撫痘痘乾荒肌，還能加強保養痘疤。
美肌成分不含油性成分，敷起來清爽無厚重
感。

集結兩大經典人氣保養成分
早C晚A 分段保養新概念

能提升肌膚清透度並調理毛孔的維生素C，以及能潤澤肌膚並發揮抗齡作用的維生素A，都是相當經典常見且人氣度非常高的保養成分。尤其在日本的藥妝店裡，經常可見眾多廠牌推出維生素C與維生素A的精華液。在這股維生素保養風潮下，BCL便聯動旗下人氣度超高的Saborino懶人面膜及Cleansing Research AHA潔顏乳，推出一系列的產品來建立早C晚A分段保養新概念。

Saborino
目ざましシート
ビタットC

🏠 BCL

¥ 30片 1,540円

● 添加4種維生素C
● 一敷取代洗臉與基礎保養
● 清新柑橘香

Saborino
一分鐘懶人面膜

早晚安懶人面膜於2023年春季所推出的新品。共通成分包括水溶性膠原蛋白和玻尿酸等保濕成分，以及能夠調理角質健康狀態的蘋果酸。美肌成分採層狀液晶技術（Lamellar Liquid Crystal），不僅能在肌膚表面形成潤澤膜，更能提升整體的角質滲透表現。

Saborino
お疲れさマスク
ビタットA

🏠 BCL

¥ 30片 1,540円

● 添加4種維生素A
● 一敷取代化妝水、乳液、精華液、乳霜
● 清新莓果香

Cleansing Research
AHA潔顏乳

添加AHA蘋果酸，主打一條就能同時卸妝、洗臉及調理角質的洗面乳。在日本開架美妝保養市場中，更是毛孔‧角質調理保養的高人氣品牌。

Cleansing Research
ウォッシュクレンジング C

🏠 BCL

¥ 120g 1,100円

● 添加維生素C洗淨毛孔
● 添加去角質磨砂顆粒
● 清新柑橘香

Cleansing Research
ウォッシュクレンジング A

🏠 BCL

¥ 120g 1,100円

● 添加晶球型維生素A加強潤澤
● 無添加磨砂顆粒
● 蘋果茶香

塗抹式面膜

ARGITAL
グリーンクレイペースト

 ARGITAL

¥ 250mL 3,960円

日本人氣極高的義大利有機品牌所推出的泥膜。基底為來自西西里島，質地滑順帶有柔和顆粒感的綠海泥，搭配天然香氛精油與草本美肌成分，使用時帶有舒服的沁涼感。不僅是皮脂分泌旺盛的T字部位、容易乾燥而顯現年齡的頸部，以及摸起來略感粗糙的手臂與容易冒痘痘的背部，都很適合用綠海泥膜做特殊加強保養。

ROALiv
ハニーポット
フラワーモイスチャーパック ローズ

 ロアリブ

¥ 75g 4,400円

結合北海道珍貴洋槐蜂蜜與玫瑰美肌成分，揉合大馬士革玫瑰花瓣的夢幻保濕凍膜。適合在睡前最後一道保養程序使用，奢侈的保濕抗齡成分不僅能對細紋發揮潤澤保養效果，優雅的玫瑰香氛更能使人心情愉悦而更好入眠。

momopuri
フレッシュ
ドリームインマスク

 BCL

¥ 10mL 385円

含有滿滿桃子神經醯胺、美肌乳酸菌、毛孔緊緻成分與保濕成分的鮮桃香晚安面膜。且含有粉色珍珠粉，抹上肌膚後帶有粉色光澤氣色感。能夠預防睡眠中水分揮發造成的肌膚乾燥，隔天醒來還是水嫩蜜桃肌。

局部面膜

CLINILABO
マイクロニードルパッチ

🏠 大正製薬

💴 6片 2,970円

能直接對細紋部位進行集中保養的玻尿酸微針貼片。相較於其他貼於眼下的微針貼片，這款的貼片較小，所以適合拿來加強眼尾、眉間及嘴角等小範圍的細紋保養。一般建議至少貼3小時，因此睡前可説是最佳的使用時機。

Cucupore C
ブラックヘッド
クリアノーズパックEX

🏠 BCL

💴 10片 748円

專為鼻子黑頭粉刺問題所開發的局部面膜。只要敷在鼻頭約10分鐘，再利用局部膜擦拭在意的部位，水楊酸及維生素C聯手，清潔惱人的黑頭粉刺和堵在毛孔上的皮脂。另搭配五種收斂精華水收斂毛孔。不只是鼻子，也能同時用2～3片貼在T字部或下巴，強化潔淨這些容易出油冒粉刺的部位。

Cucupore C
ブラックヘッドクリア
薬用アクネパック

🏠 BCL

💴 10片 748円

添加CICA、魚腥草萃取物以及西洋蓍萃取物等保濕與毛孔護理成分的局部面膜，可敷在鼻子、T字部或下巴等容易出油的部位。因為添加甘草酸鉀和水楊酸等抗痘抗炎成分，所以更適合有痘痘肌困擾的人拿來安撫不穩的膚況。（医薬部外品）

TSURURI
トータルケアパック

🏠 BCL

💴 3組 1,320円

近期在唐吉訶德熱賣的三步驟鼻頭粉刺剝呈。第一步驟是濕敷五分鐘，利用果酸等角質調理成分軟化角質；第二步驟則是貼上妙鼻貼約十分鐘，搭配泥炭吸附力，將毛孔髒汙拔出；最後則是濕敷五分鐘，透過保濕收斂成分讓粗大毛孔更加緊緻。

TSURURI
ねっちり密着
スッキリはがすパック

🏠 BCL

💴 55g 990円

敷在鼻頭或T字部約10分鐘，乾掉之後再撕除的話，就能拔除毛孔髒汙、雜毛及老廢角質。成分中添加摩洛哥火山岩和微粒子沽性碳，可發揮相當優秀的毛孔潔淨力。撕除時不會過緊造成肌膚拉扯疼痛，而且含有摩洛哥堅果油、荷荷芭油與蜂蜜等潤澤成分，敷完之後也不會有乾燥緊繃的感覺。

CLEARTURN
ごめんね素肌
キニシナイパッチ

🏠 コーセーコスメポート

💴 46片 660円

質地輕薄，抗水透氣性佳的痘痘貼。痘痘貼本身不只能夠保護痘痘不受刺激，還添加軟化角質的水楊酸與多種保濕抗乾荒美肌成分。共有3種不同尺寸，可以搭配痘痘範圍選擇使用。不易脱落，貼上後也能直接上妝。

BAUM
純日系森林浴美容品牌
提倡與樹木共生

資生堂於2020年推出的「BAUM」，是個以樹木共生作為品牌核心理念的全新保養品牌。BAUM利用再生木與再生玻璃製作包裝，再搭配獨特的日式美學闡述著更有共鳴的環保理念。品牌本身並無明確的客層性別設定，屬於任何人都適合使用的中性品牌。然而，BAUM以樹木為主題的森林浴調香，在亞洲可說是相當稀有且質感極高的沉穩木質調，因此令日本藥粧研究室想要大力推薦給男性讀者。

BAUM與日本家具品牌「カリモク（KARIMOKU）」攜手合作，回收家具生產過程中所剩餘的優質邊料，透過獨家設計的加工方式，製作成化妝水、乳液和精華油的瓶身外殼，或是古龍水、室內香氛及罐裝保養品項的蓋子。因此有別於大量生產的美妝品包裝，BAUM這些品項的再生木部分，都擁有獨一無二的花紋。其中，化妝水、乳液和精華油的外殼，都能以替換補充罐的方式重複使用，符合品牌訴求環保的精神。

BAUM
フェイスウォッシュ
ジェル

💴 180mL 4,400円

能透過充盈著森林浴香氛的濃密泡泡，徹底洗滌臉部髒汙與心靈的潔顏凝露。添加來自樹木的儲水成分，能讓洗後的臉部肌膚顯得水潤清透。

BAUM
ハイドロ
エッセンスローション

💴 180mL 4,400円

略帶稠度，肌膚滲透力佳的化妝水。結合樹木儲水、成長與防護三種成分，讓肌膚不受乾燥威脅而充滿水嫩感和生命力。

BAUM
オイルコントロール
エマルジョン

💴 100mL 8,800円

質地相當潤澤，使用後的肌膚卻能立即顯得乾爽滑順的控油乳液。高保濕力的乳液當中，添加具備吸附皮脂作用的天然粉末，非常適合油性肌用來調理肌膚的水油平衡。

BAUM
モイスチャライジング
オイル

💴 60mL 8,800円

使用前需要搖晃均勻的雙層構造精華油。完美比例調合美容油和精華液，雖能深層潤澤並柔化肌膚，卻完全不留下惱人的黏膩感。

BAUM
クリアリング
クレイマスク

💴 150g 5,280円

添加天然木炭微粒，能強化吸附微小髒汙和老廢角質的按摩霜。適合每週1～2次用來取代洗面乳，為全臉肌膚進行深度的森林浴。

BAUM
アロマティック
ハンドウォッシュ

💴 300mL 3,850円

帶有迷人木質調香氛的洗手凝露，能在洗完雙手後持香一段時間，令人不禁想用雙手罩住鼻子，來一場舒緩身心的森林浴。

三種不同的森林主題
創造獨一無二的木質調香氛

　　品牌主軸為森林浴美容的BAUM，強調透過森林浴來解放自我的感性，達到身心協調的狀態。因此在古龍水、身體乳以及護手霜等香氛療癒品項上，則是透過三種不同的森林主題，讓使用者彷彿漫步在森林中，輕閉雙眼聆聽那枝葉窸窣聲而感到放鬆。

WOODLAND WINDS
樹林微風

宛如吹拂過湖畔森林的風，帶有清新宜人的氣息。調合著洗滌身心般的翠綠果樹香，散發出清爽舒暢的感受。

FOREST EMBRACE
森林擁抱

來自寂靜森林深處的冥想氣息。揉合草木自然煙燻味的神祕香氛，給人一種來自深邃森林的沉穩感。

SYMPHONY OF TREES
樹木交響樂

彷彿在高原上恣意綻放的野花，充斥著樂園般的香氣。樹木與野花所融合出來那充滿生命力的微甜氣息，能使人散發柔和的正能量。

BAUM
EAU DE COLOGNE

 60mL 12,100円

以品牌三大森林主題為基底，各自融合不同的香氛成分，調配出獨樹一格的森林浴古龍水系列。

WOODLAND WINDS
前調：香檸檬、洋甘菊
中調：絲柏、芫荽、天竺葵、玫瑰
後調：雪松、香根草

FOREST EMBRACE
前調：小荳蔻、萊姆
中調：依蘭依蘭、茉莉、玫瑰
後調：雪松、檀木、廣藿香

SYMPHONY OF TREE
前調：天竺葵、迷迭香、尤加利
中調：玫瑰、鳶尾花、紫羅蘭
後調：雪松、癒創木、廣藿香

BAUM
AROMATIC BODY LOTION

 180mL 4,400円

融合11種來自樹木的保濕、調理與防護機能，能讓全身肌膚充滿滋潤感且散發出森林浴洗滌後的清透感。裝填於仿木紋的白色容器當中，是日系保養品牌中少見的木質調身體乳。

WOODLAND WINDS　FOREST EMBRACE　SYMPHONY OF TREE

BAUM
AROMATIC HAND CREAM

 75g 3,300円

融合11種來自樹木的保濕、調理與防護機能，能為乾燥的雙手肌膚注入森林能量的香氛護手霜。包裝採用FSC森林認證紙張，比一般管狀瓶身少用30%的塑膠成分，是款兼顧環保減塑的護手產品。

WOODLAND WINDS　FOREST EMBRACE　SYMPHONY OF TREE

PROUDMEN.

結合商務‧儀容‧香氛都市型男元素
日本原創的現代男性時尚保養品牌

低調卻散發出都市型男洗鍊風格的PROUDMEN.，是極少數致力於香氛表現的日本原創男性保養品牌。最早從衣物香氛噴霧起步，目前品牌品項已囊括肌膚保養、身體保養以及美髮系列。其中，承襲衣物香氛噴霧的身體保養系列，更是讓許多日本商務型男愛不釋手。經典且辨識度高的Grooming Citrus，是集結清透洗鍊的地中海柑橘前調、沉靜和穩的海洋花香中調，和兼具深度與活潑的木質麝香後調。可說是身為現代商務型男，千萬不可錯過的身體保養系列。

PROUDMEN.
グルーミング
ボディソープ

🏠 ラフラ・ジャパン

💴 400mL 2,530円

添加2種潔淨泥、消炎殺菌及多種保濕成分，可在確實洗淨汗水皮脂的同時，預防胸口或背部等容易冒出痘痘的問題。（医薬部外品）

PROUDMEN.
ハンド＆スキンクリーム

🏠 ラフラ・ジャパン

💴 60g 1,650円

巧妙融合4種天然潤澤油成分，使用感乾爽不黏膩，不會弄髒手機或電腦的護手潤膚霜。不只是雙手，也能在刮鬍後當成鬍後膏使用。

PROUDMEN.
グルーミングバーム

🏠 ラフラ・ジャパン

💴 40g 3,300円

PROUDMEN.最為經典的高人氣體香膏。香水未滿，恰到好處的低調香氛表現，非常適合商務場合。添加柿單寧、茶葉萃取物及氧化銀等消臭抗菌成分，可從根本抑制異味產生。

PROUDMEN.
グルーミング
ウォーター

🏠 ラフラ・ジャパン

💴 200mL 1,870円

同時具備滋潤、香氛、清涼感，沐浴完之後，從頭到腳都能用的化妝水。非常適合拿來取代較為黏膩的身體乳，也是少見能夠用於頭髮作為男性髮香的產品。

PROUDMEN.
グルーミングシート

🏠 ラフラ・ジャパン

💴 16枚 880円

添加多種美肌成分，不只能夠潔淨爽身，還能發揮基礎保養作用的濕紙巾。大尺寸且質地厚柔的紙巾，能輕鬆擦淨全身不易破，相當適合在會議前或運動後使用。

PROUDMEN.
ファブリック
コンディショナー

🏠 ラフラ・ジャパン

💴 400mL 2,530円

喜歡PROUDMEN.的經典香氛嗎？除了體香膏與香水之外，現在還多了衣物柔軟精，可以讓你低調的散發出充滿潔淨感的商務型男香。

ASTALIFT MEN

包裝設計時尚沉穩
都會輕熟男的科技
保養品牌

富士軟片採用獨家奈米技術結晶，融合兩種人型神經醯胺與蝦青素所打造，專屬男性的抗氧化保養系列。考量到男性刮鬍習慣下所特有的肌膚乾荒問題，額外添加抗發炎成分甘草酸二鉀與皮脂調理成分射干萃取物。全系列質地皆帶有淡淡的橘紅色，其實是主要成分蝦青素的原色。

ASTALIFT MEN
ジェリー アクアリスタ

🏠 富士フイルム

💴 60g 13,200円

目前市面上唯一的男性專用前導記憶凝凍。可在化妝水前用來打好基底，幫助容易受損的男性肌膚更添滋潤與光澤感。

ASTALIFT MEN
モイストクリアウォッシュ

🏠 富士フイルム

💴 100g 2,750円

可簡單搓出綿密泡沫的潔顏泡，老廢角質與皮脂的潔淨力表現優秀，卻沒有過度清潔的緊繃感。

ASTALIFT MEN
モイストエマルジョン

🏠 富士フイルム

💴 80mL 4,290円

在修復受損肌膚的同時，調節男性膚質特有的油水不平衡問題。滋潤度表現佳，使用起來清爽無黏膩感。

ASTALIFT MEN
モイストローション

🏠 富士フイルム

💴 120mL 3,850円

獨家的奈米化蝦青素，能為受損的男性肌膚補充滿滿的水分，進而散發出自然健康的膨潤感。

LISSAGE MEN

俐落時尚的包裝設計
專屬男性的膠原蛋白
保養品牌

採用佳麗寶三十多年來的膠原蛋白研究結晶，結合清新脫俗的木質調精油調香，再委任日本當代設計大師佐藤可士和親自操刀的獨特三角立體瓶身設計，推出質感型男都會一眼愛上的保養系列。

LISSAGE MEN
フォーミングソープ

🏠 カネボウ化粧品

¥ 150mL 2,200円

單手就能擠出綿密有彈性的潔顏泡。不只能確實清潔臉部髒汙與多餘皮脂，因為不含酒精等刺激性成分，所以也能作為刮鬍泡使用。

LISSAGE MEN
スキンメインテナイザー

🏠 カネボウ化粧品

¥ 130mL 3,300円

洗臉後只須使用這一罐，大幅簡化保養步驟的化妝液。由於不含酒精，因此刮鬍後使用也不會有刺痛感。獨特的木質調精油香，能讓使用體感加分許多。同時推出三種質地不同的版本，可依照膚質或喜好選擇。

ZERO
清爽型

Ⅰ
滋潤型

Ⅱ
濃密型

Magnifique

活用自然素材打造好膚況
打破男性保養的傳統框架

誕生於2020年的Magnifique是個融合自然素材與現代科技的男性保養新品牌。整個品牌的核心理念，是跳脫傳統男性保養品的框架，不再追求強大的潔淨力與刺激爽快的使用感，而是採用同等於女性保養品的研發技術與概念，為現代男性研發跨越性別意識的美妝保養品。不只是基礎保養與底妝系列，防護保養系列在近期也備受日本年輕男性所注目。

Magnifique
ナチュラルリップバーム９９

🏠 コーセーコスメポート

💴 3g 1,650円

使用起來不具黏膩感，且呈現啞光感的高保濕護唇膏。白色膏體為無色版本，適合平時上課或上班使用；灰色膏體則是能夠提升雙唇血色感的潤色版本，相當適合外出逛街或約會時用來打造好氣色。

Magnifique
リペア ハンドクリーム CICA

🏠 コーセーコスメポート

💴 60g 1,650円

添加天然保濕成分與人氣修復成分CICA的護手霜，適合用來修復男性粗糙容易脫皮的雙手肌膚。使用起來帶有舒服的木質花香，而且能自然調亮雙手膚色。

Magnifique
サンスクリーン

🏠 コーセーコスメポート

💴 50mL 1,980円

添加多種保濕成分，帶有木質花香的高係數防曬乳液。考量男性不喜歡傳統防曬的黏膩厚重感，採用獨特的Ultra Light Touch技術，極力排除黏膩的厚膜感，實現兼具強力防曬力與乾爽膚觸的新體感防曬乳液。（SPF50+•PA++++）

毛穴撫子 男の子用

專注粗大毛孔與黑頭粉刺問題
日本年輕男性去油嫩肌的秘密

來自日本毛孔保養專家品牌──毛穴撫子的男性保養系列。承襲品牌主打特色，在強化潔淨毛孔的同時，也含有收斂保濕等美肌成分，可調理那些被皮脂撐開或是過度乾燥所引起的粗大毛孔問題。

毛穴撫子
男の子用
重曹泡洗顔

🏠 石澤研究所

¥ 100g 1,100円

同時搭配天然小蘇打與木瓜酵素，強化潔淨毛孔皮脂的去油力，可在黑頭粉刺成形前確實洗淨毛孔。額外添加的玻尿酸與膠原蛋白，能讓臉部肌膚潔淨後維持不錯的保濕力。香味方面則是男性接受度高的尤加利草本清香。

毛穴撫子
男の子用
ひきしめ化粧水

🏠 石澤研究所

¥ 300mL 1,320円

採用多種保濕及收斂機能成分，洗完臉後只要一瓶就可完成保養程序的毛孔對策化妝水。質地溫和沒有刺激性成分，因此刮鬍之後當成鬍後水使用也沒問題。

毛穴撫子
男の子用
シートマスク

🏠 石澤研究所

¥ 10片 715円

整體成分與化妝水相同，能夠每天敷，來強化保濕與收斂毛孔所用的面膜。敷完之後膚觸相當清爽，不會殘留過度的黏膩感。

菊正宗 男性用

兩步驟簡化男性保養
重視男性保濕
與膚況穩定度的和風保養

日本釀酒老廠菊正宗用最簡單的步驟以及最單純的成分組合，為男性推出稀有的日本酒和風基礎保養系列。採用米發酵液和酒粕萃取物作為保濕成分，再搭配甘草酸二鉀與黃柏樹皮萃取物來穩定男性容易因為刮鬍，或是疏於保養所引起的肌膚乾荒問題。

菊正宗
日本酒保湿洗顔料
男性用

🏠 菊正宗酒造

¥ 150g 990円

添加多種日本酒相關保濕成分，能在確實洗淨男性頑固皮脂與毛孔髒汙的同時，發揮清爽不黏膩的保濕感。滑順的凝膠劑型，可以直接塗抹於臉部，也能輕輕搓出泡泡再使用，甚至可以直接當成刮鬍凝膠，對於怕麻煩的男性而言可說是簡化步驟的潔顏刮鬍好幫手。

菊正宗
日本酒保湿化粧水
男性用

🏠 菊正宗酒造

¥ 150mL 1,320円

洗完臉後只要一瓶，兼具化妝水及乳液機能的日本酒保濕化妝液。基本的保濕成分相同，但針對不同膚質與保養需求，採用不同的美肌成分，推出白色清爽型與黑色滋潤型兩種可以選擇。

さっぱり／清爽型

質地偏向清爽水感，添加蘆薈葉萃取物以及薏仁萃取物，能在保濕的同時調理肌膚維持健康狀態。

しっとり／滋潤型

質地較為濃密，添加芍藥根萃取物與地黃根萃取物，能強化肌膚的潤澤感與緊緻感。

MELANO CC Men

來自維生素C人氣開架保養品牌
專屬男性的美白系列

市面上絕大部分的男性保養品，大多是以簡單的保濕為主，較少美白或是抗齡等特殊保養類型的商品。日本藥妝店人氣開架美白保養品牌MELANO CC，關注到許多男性不注重防曬而容易有斑點的問題，因此針對男性皮脂分泌旺盛、角質偏向肥厚等問題進行強化，推出專屬男性的維生素C美白基礎保養系列。

MELANO CC Men
薬用しみ対策
美白化粧水

🏠 ロート製薬

💴 170mL 990円

添加美白成分「高滲透維生素C衍生物」與抗發炎成分「甘草酸鉀」的美白化粧水。質地水感清透，很適合用來照顧受到紫外線傷害的乾燥肌膚。（医薬部外品）

MELANO CC Men
薬用しみ集中対策
美容液

🏠 ロート製薬

💴 20mL 1,210円

同時添加美白、皮脂調理、角質軟化以及殺菌等成分，能一次滿足美白與痘痘肌調理的集中保養精華。適合在化粧水之後，用來強化保養局部或全臉。（医薬部外品）

MELANO CC Men
薬用しみ対策
美白ジェル

🏠 ロート製薬

💴 100g 1,210円

美白成分搭配多種保濕成分的美白凝凍。質地相對清爽不黏膩，適合在化粧水與精華液之後，為日曬或刮鬍造成的乾荒肌加強保濕保養。（医薬部外品）

Men's EAUDE MUGE

專為男性獨特膚質需求
應對反覆惱人的痘痘肌困擾

EAUDE MUGE是日本藥妝店中，長銷超過60年的痘痘肌保養品牌。針對男性皮脂分泌旺盛、肌膚含水量低，以及經常刮鬍造成肌膚防禦機能偏低等問題，推出只要三個步驟，就能簡單完成基礎保養與預防惱人痘痘的Men's EAUDE MUGE男性專用版本。

Men's EAUDE MUGE
泡洗顔料

🏠 小林製薬

💴 150mL 1,067円

不須過度搓洗，就能確實潔淨髒汙與皮脂的潔顔泡。建議先仔細潔淨容易出油的T字部，接著再輕柔地按摩雙頰與下巴等容易因為刮鬍而顯乾燥的部位。

Men's EAUDE MUGE
薬用ローション

🏠 小林製薬

💴 160mL 1,067円

添加殺菌成分的擦拭化粧水。可搭配化粧棉，確實拭淨洗臉時沒有完全乾淨的部位，尤其是鼻翼等死角更需要加強。另外也能沾濕化粧棉之後，濕敷於想強化保養的部位。（医薬部外品）

Men's EAUDE MUGE
薬用スキンミルク

🏠 小林製薬

💴 100g 1,320円

不只保濕防乾荒，還能調理分泌過剩的皮脂。質地偏清爽的乳液，符合男性不喜歡黏膩感的特質。在刮鬍之後，也能當作鬍後水使用。（医薬部外品）

持采UV高效防曬水凝乳EX

防曬進化無極限！
打造令人不禁想觸摸的光澤美肌

誕生於2000年的ALLIE不只防曬機能強，近年更是進化成為「能讓肌膚變美」的防曬品牌。在2022年時，ALLIE則是提倡「愛護世界，讓美永續」，以強化永續發展的品牌形象成為廣受日本各年齡層支持的防曬品牌。

Think Sustainability, Be Beautiful.

**ALLIE
クロノビューティ
ジェルUV EX**

🏠 カネボウ化粧品

¥ 90g 2,310円

☀ ○SPF50+・PA++++
○無香料

考量環境的商品設計
(已通過水環境風險評估)

考量日常生活的洗滌或進行休閒活動後，商品將流入環境中，以不影響水環境生態系為前提設計而成的商品。

BEACH FRIENDLY

＊參考國際性環境影響評估之相關準則後，進行水環境風險評估並判定對環境的影響。

滑順延展不黏膩,均勻服貼每一寸肌膚！
強力耐汗防水抗摩擦,讓美麗不斷延續！

質地水潤滑順，輕透到令人幾乎忘了自己塗過防曬！不僅持久水潤，還能讓擦過防曬的肌膚散發出自然的光澤美感。

持采UV高效防曬水凝乳EX是一款可用於臉部及全身肌膚的透明防曬水凝乳，只要塗在後頸或是鎖骨等部位，防曬同時也能給予肌膚光澤視覺感。

除了防曬機能，能防止灰塵、塵埃、花粉等的微粒子髒污附著於肌膚之上＊，同時讓膚況看起來更亮澤動人，可說是令人愛不釋手的防曬美肌單品！

＊無法防止所有的微粒附著。

持采濾鏡調色UV防曬乳
兼具毛孔遮瑕&校正膚色機能，
不用粉底也能打造自然美肌！

ALLIE
クロノビューティ
カラーチューニングUV

🏠 カネボウ化粧品

¥ 40g 1,980円

☀ SPF50+ PA++++

一抹打造「裸膚色」的 主力人氣色

03 SHEER BEIGE 木質調匀妍

帶有清透感的健康色系，能夠自然修飾膚色及毛孔。就算面對膚色不均的狀況，也能夠完美呈現出匀淨視覺感！推薦在不想上妝的日子裡用來取代日常底妝。

🍃 柑橘木質調&廣藿香氣

一抹修飾暗沉的 「澄透感」

01 ENNUI PURPLE 紫陽明妍

能夠打造夢幻輕透感，讓膚色更顯柔和的粉紫色調。簡單一抹就可煥亮原本暗沉的膚色，讓整體視覺顯得澄透。

🍃 紫陽花露滴&鼠尾草香氣

一抹遮飾黑眼圈的 「血色感」

02. SUNNY APRICOT 杏桃茜妍

健康的杏桃粉色能增添好氣色感，讓膚色顯得更有活力，同時也能自然遮飾黑眼圈！

🍃 杏桃&丹桂香氣

持采濾鏡調色UV防曬乳CHECK POINT！

- 超強抗摩擦，戴口罩也不易脫落！
- 超防水機能，耐汗防水不怕考驗！
- 完美遮飾毛孔，兼具飾底效果！
- 一般的卸妝產品即可簡單卸除！
- 不同色號皆具獨立主題的調香！
- 採用保護環境的海洋友善配方！

Bioré UV
AQUA RICH

清透如水&秒速成膜
前所未有的新體感
日本藥妝店的熱門防曬新寵

花王Bioré UV所推出的AQUA RICH，向來是日本藥妝店防曬市場上的搶手貨，其主打輕盈水感的使用質地，更是許多華人愛不釋手的品牌。於2022年推出的水膜防曬系列，更是一度熱賣到大缺貨。

　　全新的水膜防曬系列採用獨家技術，將防曬成分鎖在潤彈的細微水膠囊裡，因此使用起來感覺就像是化妝水一般清爽，但下一刻卻立即緊密服貼於肌膚之上，持續發揮保護力，對抗強烈的紫外線。對於追求輕透使用感的人來說，是全年不可或缺的防曬聖品。

Bioré UV
アクアリッチ
水層パックUV

🏠 花王

¥ 70mL　968円

含水防曬水珠凝露質地清透如水，但在接觸肌膚後能秒速形成服貼防曬膜層。使用起來完全不黏膩且不泛白，塗抹後可以立即接著上妝或換穿衣物。
（SPF50+・PA++++）

Bioré UV
アクアリッチ
水層ハイライトUV

🏠 花王

¥ 70mL　968円

含水防曬水珠凝露透亮版本目前仍只在日本境內販售。它不僅能夠強力防曬，還能讓膚色更顯透亮，同時自然地遮飾鼻翼的粗大毛孔。在額頭、鼻梁、臉頰以及鎖骨等容易曬傷的部位疊搽，膚色會更顯明亮有光澤。
（SPF50+・PA++++）

Bioré UV
アクアリッチ
瞬感ミストUV

🏠 花王

¥ 60mL　1,089円

瓶身顛倒也能使用的含水防曬水珠噴霧，適合放在包包裡隨時為臉部、頭髮、頸背和手腳等部位補防曬。特別之處在於並非氣體加壓瓶身，所以使用前不須搖晃，使用時也不會發出明顯聲響，在攜帶回國的托運行李方面，也不會有高壓氣體限制問題。（SPF50・PA++++）

紫外線予報
防曬力確實的溫和配方
全家人都能用的
紫外線防護品牌

不少人都認為，防曬是專屬於夏天的季節必需品，然而來自紫外線的威脅，卻是一年365天不間斷。尤其臺灣處於低緯度地區，即便是冬季氣溫下降，紫外線依舊相當毒辣，一個大意就會曬得比夏天還黑。因此防曬品對於臺灣人而言，絕對是全年必備的保養單品。

「紫外線予報防曬系列」的最大特色，就是配方質地清爽且具有溫和的使用感。全系列產品不僅防曬力確實之外，只須用一般肥皂就能簡單卸除。此外，皮膚細嫩的小朋友及肌膚容易受到刺激的敏弱肌族群可使用的產品也能找得到。因此紫外線予報備在家，全家老小都能一起使用。

紫外線予報
日本美妝店人氣四大品項

紫外線予報
UVさらさらジェル

🏠 石澤研究所

💴 250g 1,760円

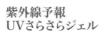

堪稱是全系列的人氣王。質地相當清爽好推展。添加多種保濕美肌成分，能在防曬的同時做好基礎保養。大容量噴嘴罐設計，只要擺一罐在玄關，在全家人出門前都能簡單快速做好防曬工作。（SPF30・PA+++）

紫外線予報
うるおすUVセラム

🏠 石澤研究所

💴 30mL 2,090円

不只擁有強效防護力，還能提升肌膚水潤清透度的防曬精華。添加3種鎖水神經醯胺以及維生素衍生物，洗完臉後只要使用這一瓶，就能快速完成保養與防曬工作，相當適合趕著出門的時候使用。（SPF50+・PA++++）

紫外線予報
透明UVスプレー

🏠 石澤研究所

💴 150g 2,035円

適合在趕時間，沒辦法慢慢塗防曬時所使用的快速防曬噴霧。只要輕輕一噴，就能快速為臉部、身體以及頭髮完成全面性防曬工作，也很適合噴在雙腳等容易忘記塗抹防曬的部位。噴霧質地本身接近透明，不容易造成衣物或鞋子泛白。（SPF50+・PA++++）

紫外線予報
さらさらUVスティック

🏠 石澤研究所

💴 15g 1,870円

系列中，近年人氣扶搖直上的防曬條。只要轉出防曬膏，直接塗抹在任何想加強防曬的部位，使用起來完全不沾手！使用後的膚觸乾爽滑順，沒有令人討厭的黏膩感。體積小方便攜帶，很適合準備一個在包包中，隨時應對來自紫外線的威脅。
（SPF50+・PA++++）

防曬

Clé de Peau Beauté
ヴォワールマティフィアンリサン

資生堂

¥ 40g 7,150円

添加肌膚之鑰獨家的珠寶級保養成分，能發揮長效保濕效果並且抑制油光顯現啞光感的妝前霜。質地相當輕盈，可讓毛孔彷彿是隱形般淡化。持續使用可讓肌膚宛如覆上輕盈的水潤光薄紗一般，散發出奢華優雅的無瑕光彩。使用時帶有獨特優雅的玫瑰香氛，讓上妝的第一步就充滿愉悅的奢華感。（SPF25・PA++）

ANESSA
パーフェクトUV
スキンケアミルク N

資生堂

¥ 60mL 3,300円

人氣持久不墜，是旅客前往日本藥妝店必掃的經典防曬。採用最新獨家技術，讓UV防護膜在遇到汗、水、熱的時候，保護力更加強悍。此外，還搭配50%雙效抗光修護配方，可同時發揮保濕美肌功能。改版後質地清爽許多，使用一般洗面乳就能簡單卸除。（SPF50+・PA++++）

ASTALIFT
D-UVクリア
アクアデイセラム

富士フイルム

¥ 30g 4,290円

著重防禦「Deep紫外線」與保養機能的防曬精華。不只能確實防曬，還搭配品牌主打的奈米AMA、奈米蝦青素等多種美肌成分，可發揮優秀的保濕抗氧力。另外還添加獨家的光控微粉，讓膚色更顯光澤有活力。（SPF50+・PA++++）

ROAliv
ナチュラル UV
プロテクト

🏠 ロアリブ

¥ 90g 3,300円

主打成分為珍貴的北海道洋槐蜂蜜與蜂王漿的保養級海洋友善防曬乳。針對日曬下的老化、氧化、糖化等問題，額外搭配多種有機美肌成分，甚至添加熊果素和維生素C等亮白成分，堪稱是日霜保養等級的防曬乳。使用時能提亮膚色，且帶有舒服的薄荷草本香。（SPF35・PA+++）

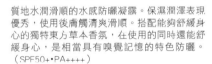

AYURA
ウォーターフィールUV
ジェルα

🏠 アユーラ

¥ 75g 3,080円

質地水潤滑順的水感防曬凝露。保濕潤澤表現優秀，使用後膚觸清爽滑順。搭配能夠舒緩身心的獨特東方草本香氛，在使用的同時還能舒緩身心，是相當具有嗅覺記憶的特色防曬。（SPF50+・PA++++）

雪肌精 CLEAR WELLNESS
UVエッセンスジェル

🏠 コーセー

¥ 70g 2,200円

強化使用舒適度與保養效果的防曬精華。質地柔滑輕透，能瞬間與肌膚舒適貼合，在防禦紫外線傷害的同時，透過獨家逸透華複合精萃、薏仁籽萃取液、北海道產藍靛忍冬果汁以及歐錦葵萃取液，發揮保濕修護效果。（SPF50+・PA++++）

紫外線予報
冷たいUVスプレーP

🏠 石澤研究所

¥ 60g 1,760円

炎熱夏季必備的超涼感防曬噴霧。可直接貼合肌膚，輕輕按壓就能噴出清涼防曬，瞬間產生將近23度的沁涼感。1歲以上就能使用，非常適合在露營或是外出遊玩時，隨時用來對付惱人的暑氣與紫外線傷害。（SPF50+・PA++++）

MINON®
UVマイルドミルク

🏠 第一三共ヘルスケア

¥ 80mL 1,760円

添加抗發炎成分甘草酸二鉀，同時著重防禦、保濕及安撫機能的全身用防曬乳。即便是專為敏弱肌所開發，但依舊擁有優秀的高防曬係數。採用低刺激配方，就連小朋友也能一起使用。（SPF50+・PA++++）（医薬部外品）

TRANSINO®
薬用UV
プロテクター

🏠 第一三共ヘルスケア

💴 30mL 2,860円

來自人氣美白品牌TRANSINO傳皙諾的機能型防曬乳。添加品牌核心美白成分傳明酸，能在抵禦紫外線傷害的同時發揮美白機能。不只保濕成分講究，潤飾表現也不俗，因此還能兼顧基礎保養與妝前打底等機能。（SPF50+・PA++++）（医薬部外品）

Curél
潤浸保湿
UVエッセンス

🏠 花王

💴 50g 1,760円

專為乾燥性敏感肌所開發，能在發揮防曬機能的同時，讓肌膚能夠從早滋潤到晚的防曬精華。質地輕透不黏膩，且未添加紫外線吸收劑，使用起來對肌膚幾乎沒有負擔，就連肌膚敏弱的小朋友也能使用。（SPF30・PA++）

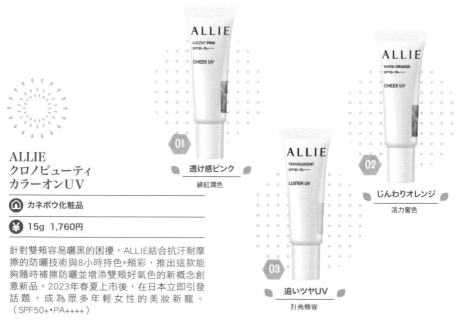

01 透け感ピンク
緋紅潤色

02 じんわりオレンジ
活力蜜色

03 追いツヤUV
打亮修容

ALLIE
クロノビューティ
カラーオンUV

🏠 カネボウ化粧品

💴 15g 1,760円

針對雙頰容易曬黑的困擾，ALLIE結合抗汗耐摩擦的防曬技術與8小時持色*頰彩，推出這款能夠隨時補擦防曬並增添雙頰好氣色的新概念創意新品。2023年春夏上市後，在日本立即引發話題，成為眾多年輕女性的美妝新寵。（SPF50+・PA++++）

*自社調查資料，使用效果因人而異。

NIVEA UV
ディープ プロテクト＆ケア ジェル

🏠 ニベア花王

¥ 80g 1,078円

基本的高防曬係數、防水抗汗機能全都具備，而且質地相當輕透不悶。採用金銀花萃取物、珍珠萃取液以及大馬士革玫瑰水作為保濕精華成分，可在抵禦紫外線傷害的同時，發揮長時間的潤澤保濕作用。（SPF50+・PA++++）

BioréUV
アクアリッチ
ライトアップエッセンス

🏠 花王

¥ 70g 968円

不只清爽防曬，還能提亮膚色的光擴散防曬精華。許多潤色防曬，都是透過補色方式來提亮膚色，但這條防曬則是利用珍珠光澤提亮成分，透過可見光擴散的方式，來達到提升肌膚清透度與光采感。適合想在搽防曬時提亮膚色，但又怕妝感太強的人（SPF50+・PA++++）

BioréUV
アクアリッチ
ウォータリーエッセンス

🏠 花王

¥ 70g 878円

日本藥妝店中長銷多年的殿堂級防曬凝露。質地清爽加上防曬效果確實，是許多人心目中的經典神作。採用全球首創的Micro Defense技術，就連細微的皮溝也能完全涵蓋，讓防曬保護效果完全零死角。（SPF50+・PA++++）

WHOMEE
打造主流妝容的人氣彩妝品牌

散發知名髮妝師的獨到品味

日本人氣髮妝師IGARI SHINOBU親自開發的WHOMEE（フーミー），是深受日本彩妝迷所推崇的高關注彩妝品牌。品項完整，能簡單重現那兼具可愛、性感與優雅氣質的「IGARI妝容（イガリメイク igarimakeup）」。對於想要同時散發出可愛與性感氣質的人來說，可說是能夠兼具兩個願望的日系彩妝品牌。

IGARI SHINOBU

日本知名髮妝師，同時也是WHOMEE的幕後推手。活躍於眾多日本彩妝雜誌與社交平臺，品味獨到的「IGARI妝容」廣受日本年輕女性的喜愛。擔任「Stop！Cosmeticsloss」協會代表，推動慈善彩妝講座、將過期唇膏或眼影作為繪畫工具、以及交換閒置彩妝品的「美妝交換會」等多項活動。

WHOMEE
シングルラメシャドウ
メリンダベージュ・Melinda Beige

（¥）シングルラメシャドウ（亮片型2色）
シングルアイシャドウ（無亮片5色）
各1,430円

WHOMEE品牌人氣最高的單色眼影系列，首推能讓眼妝散發出水潤感的亮片型。Melinda Beige基底為百搭的淡米色，搭配閃耀的金色大亮片。粉質本身偏濕潤不易飛散，顯色也相當自然。附有專屬雙頭眼影棒。在日本社交平臺上，是人人都想要擁有的超人氣彩妝。

WHOMEE
マルチアイブロウパウダー
レディモーヴ・Redy Mauve

（¥）1,980円（全9色）

眉彩＆眼影兩用的眉彩盤。能用來打造自然的立體感，讓眼妝同時散發出甜美與成熟兩種不同的視覺感。採用一般潔顏步驟就能卸除的溫和配方。內附眉彩棒與眼影棒，在包裝與外盒方面，特別採用環境友善的設計。

WHOMEE
アイブロウブラシ
熊野筆

超人氣單品！

（¥）1,980円

WHOMEE整個品牌中，人氣最旺的眉彩筆，也是挑戰IGARI妝容時不可或缺的重要工具！軟硬適中且毛量恰到好處的刷毛，能夠用輕點的方式簡單完成眉彩。熊野筆最大的特色，是在每天使用下會隨著眉骨線條損耗，進而逐漸變得更加順手好用。也就是說，是一支能夠逐步打造成為個人專屬的眉彩刷。

Kirei&co.

讓每天的化妝變有趣!
全品項500円的
開架彩妝新明星

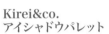

2022年3月問世的Kirei&co.，是一個能夠滿足想嘗試新彩妝，又能無負擔跟上妝容潮流的新品牌。從彩妝到保養，每個單品都是CP值爆表的稅前500日圓！每個人都能自由搭配喜歡的單品，無痛體驗主流妝容的樂趣。

人氣色號

01 Orange Brown　　06 Pink Beige

Kirei&co.
アイシャドウパレット

¥ 550円(全6種)

小小一盒當中，塞滿大小亮片、偏光亮片、珠光粉、霧面粉以及絲絨粉等9色眼影，能搭配出各種服妝感。粉體超細微不飛粉，能夠緊密服貼於肌膚上完美顯色。

Kirei&co.
ルージュリップティント

人氣色號

¥ 550円(全8種)

顯色鮮豔且讓雙唇散發出水潤光澤，時下話題性超高的唇釉！不易掉色，能長時間維持彷彿剛上妝的完美狀態。添加多種潤澤成分，讓雙唇散發出光澤，看起來豐潤飽滿卻不留討厭的黏膩感。

04 Milky Rose　　09 PeachBeige

Kirei&co.
トーンアップ&
カバーコンシーラーパレット

人氣色號

¥ 550円(全2種)

能用來修飾黑斑、黑眼圈、痘疤以及膚色不均的4色顏顏遮瑕盤。無論是哪種膚質狀況，都能自然遮飾並提亮。添加5種保濕精華成分，上妝也能發揮優秀的滋潤效果。

01

02

Kirei&co.
トーンアップフェイスパウダー

¥ 550円(全2種)

將蜜粉混合後能用來校正膚色，修飾暗沉並提亮視覺感的五色蜜粉。輕輕一刷，就能展現動人的清透美肌。不只耐汗抗油，服貼度表現極佳不易脫妝。添加5種保濕精華成分，能在持妝的同時防止肌膚乾燥。

底妝

雪肌精みやび
モイスチュア
プロテクト セラム

🏠 コーセー

¥ 30mL 4,400円

來自雪肌精御雅系列，堪稱頂級精華液等
級的飾底乳。95%由精華液成分所組成，
擁有優秀的保濕力，能在肌膚表層形成一
道潤澤層，持續保護肌膚不受乾燥傷害一
整天。簡單一抹就能讓肌膚看起來平滑柔
順，並且散發出充滿水潤感的光澤感，提
升後續彩妝的整體妝感。

Primavista
スキンプロテクトベース
<皮脂くずれ防止>
超オイリー肌用

🏠 花王

¥ 25mL 3,080円

Primavista控油飾底乳黑罐強化版，添加的皮脂
固化粉末比一般版本還要多出1.3倍，加上表現
優秀的撥水力，就算是出油量再多的油田膚
質，也能維持清爽不泛油光、不脫妝。對於出
油量偏多的男性，也相當推薦使用。

MAQUillAGE
ドラマティック
エッセンスリキッド

🏠 資生堂

¥ 25mL(全5色) 3,520円

輕輕一抹，高滲透潤澤精華成分就會瞬間傳導
至肌膚深處，同時緊密貼合凹凸毛孔完美遮
瑕。是一款主打零毛孔、超保濕、極持妝的水
蜜光精華無瑕粉底液。乳化技術、美肌效果與
精華滲透三位一體，是心機彩妝品牌史上名列
前茅的美肌粉底逸品。（SPF50+•PA++++）

MAQUillAGE
ドラマティック
スキンセンサーベース
NEO

🏠 資生堂

¥ 25mL(全2色) 2,970円

號稱一抹就能完美柔焦美膚，發揮13小時長效
持妝力的星魅平衡持粧控妝前乳。在2023年
這波改版中，採用全新的「膚控感應膜」技
術，能平衡肌膚水油比例，拉長持妝時間。同
時搭配「毛孔神隱凝膠」，能讓毛孔隱形並柔
焦瑕疵。一般藥妝店裡有兩種色號可選擇，分
別是平衡裸肌膚色的自然色，以及提亮、校正
蠟黃的明亮色。（SPF50+•PA++++）

CHAPTER **6**

日本生活
雜貨指南2024

口腔護理

Pure Ora 36500

薬用ハグキ
高密着クリームハミガキ

🏠 花王

¥ 115g 1,595円

堪稱是近期最有質感且使用感極佳的牙齦護理型牙膏。添加4種牙齦護理與蛀牙防護藥用成分，搭配突出的調香，在刷完牙後仍能長時間維持好口氣。獨家真空壓頭設計，可簡單擠出牙膏直到最後。用罄後直接替換補充包的設計，更能減少垃圾廢棄量。（医薬部外品）

Clean Dental

クリーンデンタル®
プレミアム クールタイプ

🏠 第一三共ヘルスケア

¥ 110g 1,848円

使用起來略帶鹽味，可說是品牌系列中牙周病預防型牙膏的顛峰之作。主打能夠同時滿足預防牙周病、齒槽膿漏、牙齦發炎、蛀牙、口臭、敏感、牙結石以及淨白等十大機能。採用獨家持續殺菌配方，在刷完牙後也能維持長時間口氣清新。（医薬部外品）

フレッシュミントの香味
清新薄荷

マイルドグリーンの香味
溫和草本

Pure Ora

ピュオーラ
泡ハミガキ

🏠 花王

¥ 190mL 1,375円

不習慣刷舌苔的人，應該來試試這罐能夠同時清潔牙齒與舌頭的淨舌刷牙泡。只要將泡泡直接擠在舌頭上，並像使用漱口水般，讓泡泡遍布於牙齒與牙縫，接著再用牙刷清牙齒即可。（医薬部外品）

Breath Labo

ブレスラボ
マルチ＋歯周ケア

🏠 第一三共ヘルスケア

¥ 90g 880円

來自同時應對生理性口臭與病理性口臭問題的口腔護理品牌，加強防護牙周病的牙周護理牙膏。添加6種口腔護理藥用成分，包括高濃度的牙周護理成分，可一次解決口氣、蛀牙及牙周病護理的需求。（医薬部外品）

クリスタルクリアミント
清新涼感薄荷

マイルドミント
溫和涼感薄荷

ClearClean

クリアクリーン　ネクスデント
息キレイ

🏠 花王

¥ 110g　385円

日本花王ClearClean所推出的這款牙膏，不但能預防蛀牙，也能有效去除造成異味的口腔細菌，以達到長時間維持口氣清新的效果，相當適合在意口腔氣味的人。調香方面偏向清新，不會有過度的甜膩感。（医薬部外品）

フレッシュミント
清新薄荷

アクアシトラス
水感柑橘

Ora2 me

アロマフレーバー
コレクションペースト

🏠 SUNSTAR

¥ 130g　418円

主打讓牙齒回復原有亮白的Ora2，一直是訪日華人必掃的牙膏品牌。不僅能夠預防牙漬附著，還能進一步溶解已經附著於牙齒上的陳年牙漬。順應現代人對牙膏使用感的感官提升，推出植物精油香氛版本，讓刷牙的溫柔哲學舒緩身心，更為口氣清新度提高至另一個境界。（医薬部外品）

スパークリングシトラスミント
沁心香橙

ドリーミーラベンダーミント
夢幻薰衣草

Systema

システマEX W ハミガキ

🏠 ライオン

¥ 125g　420円

Systema是主打牙周病預防的口腔護理品牌。這回推出的產品，除雙重殺菌成分之外，還添加高濃度的氟，以及獨特的色沉潔淨配方，能幫助牙齒找回原本具備的亮白感。調香方面也很用心，採用天然薄荷調配出帶有清新水潤爽快感的薄荷香。（医薬部外品）

アクティブベリーミント
浪漫野莓

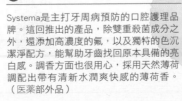

ライティ
ハミガキPREMIUM

🏠 ライオン

¥ 100g 1,960円

日本獅王推出的高質感亮白牙膏。利用獨家的3微米潔淨微粒配方，深入清潔牙齒表面的微小細縫，如此一來就能透過光線的反射，讓牙齒散發出自然的亮白感。調香方面也十分講究，是由高級紅茶搭配香檸檬調合而出之優雅清香。（医薬部外品）

美白スミガキ

🏠 小林製薬

¥ 90g 660円

主打黑炭潔淨力，可用來對付牙齒上黃漬的美白牙膏。牙膏當中有許多黑黑的炭微粒，能在刷牙的過程中去除牙齒上因為日常飲食而累積的黃漬，同時還能吸附髒汙與產生口腔異味的成分，因此在清新口氣上的表現也非常出色。

フレッシュクリーンミント
清新薄荷

リッチシトラスミント
柑橘薄荷

クリニカPRO
オールインワン（7大リスクケア）

🏠 ライオン

¥ 95g 710円

號稱是目前日本唯一添加能分解、輔助去除齒垢之酵素成分的新系列牙膏。這回推出能夠同時應對牙垢、蛀牙、牙周病、敏感性牙齒、口臭、亮白及預防牙結石形成等7大口腔護理需求的全效型牙膏，並同時推出兩種不同的香味可選擇。（医薬部外品）

デンタルペースト

🏠 SUNSTAR

¥ 120g 418円

在日長銷超過30年，堪稱日本牙周護理牙膏先驅的G.U.M牙膏基礎款。添加殺菌成分CPC、吸附成分LPS以及抗炎成分GK2，能夠有效消除口腔中的牙周病菌。具有記憶點的獨特草本薄荷香味，也是許多愛用者愛不釋手的關鍵重點。（医薬部外品）

ARGITAL

オーラルハイジーン
ウォッシュ

🏠 ARGITAL

¥ 100mL 3,520円

來自義大利綠泥有機保養品牌的漱口水。
除了品牌核心成分能夠吸附口腔內部髒汙
的綠海泥之外，還搭配淨化作用優秀的銀
水，和能夠分解蛋白質的鳳梨萃取物酵
素。是一款能長時間維持清新口氣的自然
成分漱口水。

DeepClean

ディープクリーン
薬用液休ハミガキ

🏠 花王

¥ 350mL 682円

同時添加消炎殺菌、促進循環及組織修復
成分，可強化牙周病護理的漱口水。在漱
口約20秒後，也能搭配刷牙使用。使用起
來沒有刺激感，而且帶有清新的綠茶薄荷
香，適合想要強化牙齦健康的人。（医薬
部外品）

ClearClean

クリアクリーン
デンタルリンス(薬用洗口液)

🏠 花王

¥ 600mL 473円

日本花王ClearClean所推出，主打適合全
家一起使用的基本款漱口水。白色的無酒
精版本，適合不喜歡刺激感的小朋友使
用，而綠色的含酒精版本，則是帶有恰到
好處的清涼感，使用起來不會有過於強烈
的刺激感。（医薬部外品）

ソフト・ミント
溫和薄荷

ライトミント
清新薄荷

ナチュラルミント
清爽薄荷

ピーチリーフミント
蜜桃薄荷

フローラルホワイトティー
白茶花香

Ora2 me

マウスウォッシュ
ステインケア

🏠 SUNSTAR

¥ 460mL 572円

添加雙重異味吸附成分，以及減少牙漬附著的成分，能在預防口臭的同時，強化牙齒亮白護理。不含酒精，使用起來沒有過度刺激感，搭配兩種香料的調香效果，能讓口腔在漱口後長時間維持清新。（医薬部外品）

すっきりタイプ
含酒精清涼型

低刺激タイプ
無酒精溫和型

Clinica

クリニカアドバンテージ
デンタルリンス

🏠 ライオン

¥ 450mL 440円

日本獅王研究得知在睡眠期間，會因唾液分泌減少而造成蛀牙菌增加30倍的現象，而採用獨家的長時間殺菌配方的漱口水。單手就能倒出漱口水的按壓扣蓋設計，使用起來也顯得順手簡單許多。（液体歯磨．医薬部外品）

G.U.M

デンタルリンス
［レギュラータイプ］

🏠 SUNSTAR

¥ 960mL 1,320円

G.U.M牙周護理系列所推出的基本款漱口水。添加CPC與BKC兩種殺菌成分，能夠滯留於牙齒表面，發揮長時間的殺菌作用。低刺激無酒精配方，使用起來不會有刺痛感。960毫升的大容量，搭配使用簡單的壓頭設計，相當適合全家一起使用。（医薬部外品）

NONIO

ノニオ
プラスホワイトニング
デンタルリンス

🏠 ライオン

¥ 600mL 720円

主打維持好口氣的口臭科學品牌「NONIO」所推出的亮白型漱口水。添加殺菌成分LSS，可對抗口內細菌，發揮長時間防止壞口氣並維持口氣清新之配方。搭配亮白維持配方，能幫助牙齒表面不易附著牙漬。（液体歯磨．医薬部外品）

Breath Labo

ブレスラボ
マウスウォッシュ マルチケア

🏠 第一三共ヘルスケア

¥ 450mL 880円

出自製藥公司的研發技術，採用長時間殺菌配方，搭配抗發炎與異味吸附分子，適合用來強化改善口臭問題的漱口水。對於深受口臭問題所惱的人，不妨搭配正確的刷牙習慣，利用這類的機能型漱口水來強化口腔護理。（医薬部外品）

ダブルミント《爽快タイプ》
雙重涼感

シトラスミント《マイルドタイプ》
柑橘薄荷（無酒精）

SUMIGAKI

スミガキマウスリンス

🏠 小林製薬

¥ 500mL 660円

利用黑炭吸附髒汙與異味分子的特性，主打能夠有效預防口臭問題的黑炭漱口水。雖然漱口水本身呈現黑色，但並不會把牙齒染黑，而且不含酒精配方，使用起來也不會有不舒服的刺激感。

噛む
ブレスケア

🏠 小林製薬

¥ 25粒 396円

外層裹著脆脆糖衣，內層則是含有薄荷與西洋芹精油等清涼成分的爽口軟糖。不只能夠清新口腔，甚至還能分解胃中食物的味道，因此特別適合在吃完含有大蒜的料理或喝酒後拿來消除口腔氣味。

グレープ
葡萄

ピーチ
桃子

ミント
薄荷

ライム
萊姆

レモン
檸檬

唇部保養

do organic

**コンデンスト
リップバーム**

🏠 ジャパン・オーガニック

¥ 2,750円

一款從包裝到成分皆表現出色，日本市面上相當稀有的雙認證有機護唇膏。添加有機玄米與黑豆等植萃精華，質地濃密、軟硬適中，能輕鬆塗抹潤澤雙唇。包裝沉穩有質感，搭配清新優雅的草本花香有機精油，堪稱是一款能提高時尚度的護唇單品。

DHC

薬用リップクリーム

🏠 DHC

¥ 1.5g 770円

上市25年以來，熱銷超過1.6億條，堪稱是護唇膏界的不敗經典。添加初榨橄欖油與蘆薈萃取物，簡單一抹就能在雙唇上形成潤澤膜。恰到好處的潤澤光澤感，與使用起來沒有黏膩感的質地，都是它人氣不墜的祕密。（医薬部外品）

KATE

**パーソナルリップクリーム
09 クリア血色感（SPF11）**

🏠 花王

¥ 3.6g 550円

質地相當滑順好搽，在修飾雙唇上縱向紋路的同時，還能從透明無色變成健康唇色的變色護唇膏。宛如櫻花花瓣般的粉嫩唇色，能讓自然裸妝變得更加亮眼。在分類上雖然屬於唇彩產品，卻很推薦作為平時使用的護唇膏。

MENTHOLATUM

薬用リップリペアワン

🏠 ロート製薬

¥ 2.3g 605円

專為嚴重乾燥或脫皮的雙唇所開發，特別強化修復機能的高保濕護唇膏。同時添加菸鹼醯胺、甘草次酸以及維生素E衍生物，搭配極為濃密的質地，相當適合用來護理乾燥而沒有彈潤感的雙唇。
（SPF25・PA++）（医薬部外品）

無香料
無香型

ミントメントールの香り
薄荷淡香

MENTHOLATUM

リペアワン
角質ケアリップ

🏠 ロート製薬

¥ 3.6g 605円

不只潤澤，還能為雙唇去角質的集中角質保養護唇膏。添加細微砂糖顆粒，只要輕輕塗抹2～3下就能在潤澤雙唇的同時，帶走表面粗糙的老廢角質。塗抹後就像使用一般護唇膏一樣，不需要用水沖洗。

チェリーレッド
櫻桃紅

アプリコットピンク
杏桃粉

NIVEA

モイストピュア
カラーリップ

🏠 ニベア花王

¥ 3.5g 434円

添加胺基酸保水成分與玻尿酸，滋潤表現相當優秀，是日本藥妝店裡相當搶手的潤色護唇膏。恰到好處的潤色效果，能讓暗沉或布滿縱紋的雙唇更顯健康粉嫩。即便使用後戴上口罩，也不容易沾染口罩內側布面。（SPF20・PA++）

PROUDMEN.

グルーミング
リップバーム

🏠 ラフラ・ジャパン

¥ 10g 1,650円

專為時尚商務型男設計，使用起來無黏膩感、無油光，且帶有柑橘薄荷淡香的護唇膏。包裝設計簡約時尚，是都市型男不可或缺的護唇單品。

MOLENA

モレナビカナース

🏠 ゼリア新薬工業

¥ 3.5g 499円

外觀就像護唇膏，卻是用來保養鼻下敏嫩肌膚的「人中膏」。添加抗發炎與潤澤成分，塗抹後不會泛油光。對於鼻子過敏、經常擤鼻涕的大小朋友來說，是一定要隨身準備的經典小物。（医薬部外品）

Bioré u

ザボディ 泡ボディウォッシュ

 花王

¥ 540mL 823円

堪稱日本沐浴泡的代名詞！採用獨家3層起泡網壓頭，能讓每一次擠出來的沐浴泡，都像是鮮奶油般滑順細緻，能在不摩擦肌膚的狀態下，輕滑潔淨全身肌膚。除原有的4款香味之外，原本為季節限定的桂花清香型，也因為人氣爆棚而從2023年開始成為固定班底。

清々しいヒーリング
ボタニカルの香り
清新草本香

清潔感のある
ピュアリーサボンの香り
純淨皂香

華やかな
ブリリアントブーケの香り
優雅花香

ディープクリア
深層潔淨型

金木犀の香り
桂花清香

The Naive

ボディソープ 液体タイプ

 クラシエ

¥ 540mL 699円

堪稱日本沐浴乳國民品牌的Naive所推出的品牌巔峰之作。質地滑順，簡單就能搓出延展性極佳的濃密泡，而香氣則是高雅且具潔淨感的皂香。撕除外膜後，罐身會搖身變成高質感的時尚仿石罐設計。

naive

泡で出てくるボディソープ
（ディープクリア）

🏠 クラシエ

💴 600mL　659円

日本沐浴乳國民品牌naive推出的深層清潔沐浴泡。同樣採用孩童也能使用的溫和胺基酸潔淨成分，結合異味髒汙去除成分，開發出這瓶全家都適合在炎熱季節加強清潔汗水及皮脂的沐浴泡。香味是清新的柑橘花香。

hadakara

ハダカラ薬用デオドラントボディソープ
泡で出てくるタイプ

🏠 ライオン

💴 550mL　820円

主打在洗澡時也能為全身肌膚進行保濕的沐浴泡系列中，可同時滋潤肌膚及預防令人在意之汗臭與體臭形成的抗菌抑味版本。特殊的壓頭設計，一次能擠出更多且綿密的沐浴泡，香味也富有層次，是一種帶有草本木香調的潔淨皂香。（医薬部外品）

MINON®

全身シャンプー　さらっとタイプ

🏠 第一三共ヘルスケア

💴 450mL　1,540円

潔淨力恰到好處，不會帶走肌膚水潤度的敏感肌適用沐浴乳。添加修護成分尿囊素以及抗發炎成分甘草酸銨，能發揮撫安撫乾荒肌的作用。採用溫和的低刺激配方，從幼兒到長者都能夠使用。（医薬部外品）

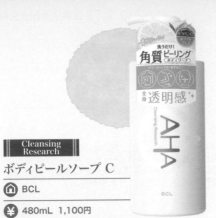

Cleansing Research

ボディピールソープ C

🏠 BCL

¥ 480mL 1,100円

全家每天都可使用的溫和去角質沐浴乳。添加AHA蘋果酸，可透過日常洗澡沐浴，代謝造成膚觸粗糙的老廢角質，打造嫩滑肌膚。搭配維生素C與白泥，能讓沐浴後的肌膚更顯淨透感。香味則是清新的柑橘系。

DEOCO.

薬用ボディクレンズ

🏠 ロート製薬

¥ 350mL 1,100円

號稱連身體氣味也能變乾淨的熱銷抗菌抑味少女香沐浴乳。添加能夠吸附異味與髒汙的白泥成分，搭配獨特的清新花香，可以將異味源頭連同肌膚上的髒汙一次洗淨。對於腋下等異味較濃的部位，則可以直接敷在該部位上再搓洗，更能發揮去除異味的效果。（医薬部外品）

サボン＆ブーケ
の香り

純淨皂花

ピーチ＆フルーティー
の香り

蜜桃鮮果

カシス＆ハーブ
の香り

黑醋栗草本

NIVEA

エンジェルスキン
ボディウォッシュ

🏠 ニベア花王

¥ 480mL 599円

添加白泥潔淨成分，主打能在每天沐浴過程中溫和洗去老化角質與毛孔髒汙，改善膚觸粗糙問題的天使肌沐浴乳。搭配妮維雅獨特的優格萃取保濕成分，即使是冬天使用也能保有不錯的滋潤度。

Deo carat

薬用ボディウォッシュ

🏠 コーセーコスメポート

💴 450mL 1,100円

號稱能夠對付汗臭、成人臭、壓力臭、疲勞臭以及皮脂臭等現代人五大體臭問題的沐浴乳。添加兩種殺菌消炎成分以及CICA等多種保濕成分，也很適合拿來對付夏季常見的背部痘痘問題。（医薬部外品）

Bioré u

泡スタンプ
ハンドソープ

🏠 花王

💴 240ml 658円

家中小朋友不喜歡洗手嗎？相信洗手臺放這一罐，小朋友都會乖乖地主動洗手！只要輕輕一壓，就能將可愛的抗菌泡泡擠到手掌心的洗手泡泡罐。採獨特壓頭設計，可擠出花朵或動物肉球造型的洗手泡，為洗手習慣增添一點樂趣。（医薬部外品）

お花型
小花泡泡罐

にくきゅう型
肉球泡泡罐

Bioré u

ザ ボディまさつレス
ボディスティック

🏠 花王

💴 1支 1,628円

專為乾燥膚質所研發的零摩擦沐浴刷。刷頭上多達103個TPE（熱塑性彈性體）刷頭，具有手洗般絲滑的觸感，卻又能確實潔淨肌膚表面的髒汙。沐浴刷有撥水加工，所以不容易發霉。

身體保養 身體乳

AYURA
メディテーション ボディミルク

🏠 アユーラ

¥ 200mL 3,850円

添加3種植萃油，搭配複合型神經醯胺與高保濕型玻尿酸的身體乳。質地滑順好推展且不黏膩，卻有著不錯的潤澤力。採用AYURA獨家的東方草本香調，是少數香氛表現極出色的身體乳之一。

DHC
薬用ボディライナー

🏠 DHC

¥ 300mL 4,950円

同時添加8種循環代謝、抗氧化、緊緻及保濕等成分的纖體凝膠。質地相當清爽，使用後馬上穿衣服也不會覺得黏膩。除了用於身體鬆弛及水腫問題外，不少愛用者都拿來對付難纏的妊娠紋。（医薬部外品）

DHC
フォースリーン スタイリッシュボディ

🏠 DHC

¥ 200mL 3,982円

DHC旗下熱賣的體脂對策錠所推出的姊妹品。除主要的緊緻成分「毛喉鞘蕊花萃取物」之外，還搭配橢圓懸鉤子與胡椒鹼衍生物等促進代謝成分。使用起來帶有清新的草本香和微涼感，蠻適合在夏季用來強化管理身體線條。

DHC
ホットボディジェル

🏠 DHC

¥ 200g 3,630円

添加咖啡因與生薑萃取物，主打能夠促進循環代謝，讓身體線條更加緊緻的溫感按摩凝膠。使用起來滑順不黏膩，帶有舒服的柑橘生薑香氣及溫熱體感，很適合針對大腿、手臂以及腰部等部位進行緊緻保養。

LISSAGE
バスタイム ボディセラム

🏠 カネボウ化粧品

¥ 220mL 2,750円

洗澡後用浴巾擦乾身體前使用，堪稱是精華液等級的身體精華。採用LISSAGE獨家開發的複合膠原蛋白成分，可發揮相當優秀的潤澤力。融合12種精油的療癒系調香，很適合在浴室裡仔細地按摩全身肌膚，讓身心都能受到療癒。

Curél

バスタイム
モイストバリアクリーム

🏠 花王

¥ 310g 1,980円

針對乾燥性敏感肌容易感到乾荒的問題所開發，洗完澡後直接在浴室使用的身體乳。獨家的潤浸保濕Ceramide成分，能緊密附著在肌膚上滋潤並鎖住水分，即便是用浴巾擦乾身體，也不容易將身體乳給擦掉。貼心的掛鉤及真空壓嘴設計，方便掛在浴室內任何地方，單手就能簡單擠出身體乳。（医薬部外品）

Bioré u

ザ・ボディ
ぬれた肌に使うボディ乳液

🏠 花王

¥ 300mL 1,078円

可直接在浴室裡使用的新概念身體乳。沐浴完後，往全身肌膚濕濕的狀態下塗抹於全身，最後再用浴巾壓乾水珠即可簡單完成身體保養。採用獨特的真空壓嘴設計，可在輕鬆不費力的狀態下，簡單擠出需要的用量，用到最後一滴不浪費。

▢ 無香料
無香型

▢ ナチュラルシトラスティーの香り
自然柑橘

▢ エアリーブーケの香り
輕柔花香

NIVEA

プレミアムボディミルク
ホワイトニング

🏠 ニベア花王

¥ 190g 968円

妮維雅的Premium身體乳一直是日本藥妝店中人氣相當高的身體保養單品。採用妮維雅拿手的潤澤保濕技術，搭配安定型維生素C，適合用來保養想要淨白的肌膚。保濕體感相當棒，使用起來非常輕透，加上清爽的柑橘玫瑰香，是夏季必備的身體乳。（医薬部外品）

MINON®

ベビー全身保湿ミルク

🏠 第一三共ヘルスケア

¥ 150mL 1,430円

來自日本長銷超過50年的敏感肌保養品牌——蜜濃，專為嬰幼兒敏弱膚質所開發的身體乳。質地輕透好推展，能輔助提升肌膚本身的防禦機能。溫和的低刺激配方，從0歲開始就能安心使用。採用方便的壓頭設計，單手也能使用。（医薬部外品）

身體保養
護手霜

SHISEIDO

アルティミューン パワライジング ハンドクリーム

🏠 資生堂

¥ 50g 2,200円

採用小紅瓶關鍵防禦成分的頂級美肌護手霜。搭配獨創多重防禦技術，能夠守護皮膚屏障機能，防止空氣中雜質黏附於雙手。獨特的超涵水配方，防止雙手乾燥的表現極為優秀，使用起來帶有舒服的淡雅花香。

AYURA

アロマハンド

🏠 アユーラ

¥ 50g 1,980円

著重手指乾裂粗糙問題，添加潤澤表現優秀的吸附型玻尿酸及乳木果油，並搭配柔軟保濕成分的修復潤澤護手霜。清新有層次的草本香，能讓人在使用時也感到格外愉悅放鬆。

CLINILABO

ヘパリオモイストバリア

🏠 大正製藥

¥ 50g 1,298円

添加類肝素及甘草酸鉀的薬用護手霜，可應對反覆發生且嚴重的手部肌膚乾荒問題。搭配玻尿酸與角鯊烷，能同時發揮不錯的保濕作用。對於需要經常清潔或消毒雙手的人來說，很適合拿來為乾荒的雙手進行深層潤澤。（医薬部外品）

VECUA Honey

とろとろハンドクリーム

🏠 BCL

¥ 50g 880円

Wonder Honey森林小動物護手霜系列在2023年秋季推出改版新品，從包裝設計到香味都有著不同的變化。唯一不變的，就是那濃密卻不黏手的輕透使用感。成分除原有的蜂蜜、蜂王漿、蜂蠟、優格乳清以及洋甘菊萃取物，這次還額外添加幸運草萃取物，讓保濕作用更加升級。

サポンベベの香り
雪貂輕柔皂香

シトラスソルベ
浣熊清新柑橘

ハニーフローラル
灰熊蜂蜜花香

フォレストリーフ
松鼠森林浴香

すっきり果実の
ブラックティーの香り
野兔沉靜茶香

身體保養
爽身紙巾

アロマボディシート

🏠 アユーラ

¥ 15枚 825円

AYURA旗下的隱藏版長銷好貨，是極少數能榮獲日本美妝榜肯定的濕紙巾。質地厚實且具伸縮性的紙巾，能確實擦拭肌膚上的汗水、皮脂與髒汙。那帶有充滿層次感、足以和香水匹敵的森林清香，更是眾多愛用者愛不釋手的關鍵要素。

DEOCO.

ボディクレンズシート

🏠 ロート製藥

¥ 36枚 550円

日本藥妝店熱賣的少女香抗菌抑味沐浴乳家族新成員，能夠隨時擦拭潔淨身體，讓異味轉為迷人甜香的身體濕紙巾。添加保濕成分與爽身粉末，擦拭後的膚觸會顯得柔嫩滑順。很適合在運動出汗後，身體容易有氣味時使用。

Bioré

さらさら
パウダーシート

🏠 花王

¥ 10枚 275円

花王Bioré所推出的長銷型爽身濕紙巾。採用四層構造的偏厚凹凸紋路紙巾，搭配獨家皮脂清潔配方，能更簡單擦拭肌膚上的油光與黏膩感。透明爽身粉配方，使用後不會在衣物上出現白色粉末痕。

さわやかせっけんの香り
純淨皂香

ひんやりシトラスの香り
沁涼柑橘

Ban

バン さっぱり感
PREMIUMシート
パウダーinタイプ

🏠 ライオン

¥ 30枚 470円

日本獅王旗下的爽身紙巾，使用後就像是使用爽身粉一般，能發揮長時間的滑嫩爽身效果。改良後的紙巾，較先前版本柔軟且厚實，能吸附更多的爽身液，所以一張就可輕鬆擦完全身。香味方面更是以香水為概念進行調香，擺脫爽身紙巾千篇一律的單調花香。

クリーンソープの香り
純淨皂香

ウォーターリリーの香り
優雅睡蓮

Men's Bioré

ボディシート

🏠 花王

花王Bioré專為男性所推出的爽身濕紙巾系列。採用獨家TOUGH-TECH技術的紙巾，具備不易破、不易乾及不易捲曲等三大特性，可以簡單拭去皮脂與汗水造成的黏膩感。

身體系列中涼感最高版本，極度適合在炎熱的季節清潔身體同時降溫使用。
極冷感 | 28枚 438円

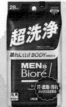

身體系列中清潔力最強，利用酒精的清潔力將汗水、皮脂及髒汙一同擦拭乾淨。
超洗淨 | 28枚 438円

添加抗菌抑味成分的身體濕紙巾，適合重要場合前使用，淨味同時帶有淡淡薄荷香。
藥用 | 20枚 438円

入浴劑

AYURA
メディテーションバスt

🏠 アユーラ

💴 300mL 2,200円

♨ 東方草本香　💧 乳白色

長銷將近30年，堪稱是跨世代的奢華入浴劑代表。融合紫檀、迷迭香及洋甘菊等能夠安撫鎮定情緒的精油成分，香氛表現極富東方禪意，能讓人在泡澡時，就像進入了冥想狀態般深度放鬆。

MINON®
薬用保湿入浴剤

🏠 第一三共ヘルスケア

💴 480mL 1,540円

♨ 草本花香　💧 乳白色

採用氨基酸保濕成分，敏弱肌也能安心泡澡的薬用入浴劑。且不只是敏弱肌族群，因為添加抗發炎成分甘草酸二鉀的關係，其實也很適合用來緩和肌膚乾荒及濕疹等問題。帶有相當懷舊的草本花香，全家老小都能使用。（医薬部外品）

GERMA BATH
リラク泉
ゲルマバス白湯

🏠 石澤研究所

💴 40g 286円 / 720g 4,400円

♨ 硫磺泉香　💧 白色

號稱浸泡20分鐘，就等同於有氧運動2小時效果的有機鍺沐浴鹽。近來人氣高漲的白湯版本，則是在原有的有機鍺、天然浴鹽及辣椒萃取物之外，還添加日本溫泉成分，讓自家浴室也能瞬間變身成為日本湯屋。

Bioré u
角層まで浸透する
うるおいバスミルク

🏠 花王

💴 600mL 785円

💧 乳白色

主打全家老小都能使用，添加乳油木果油和神經醯胺-α的入浴劑。泡完澡之後，肌膚表面會形成一道保濕層，防止泡澡後的肌膚水分蒸發而顯乾燥。香味方面也是全家接受度皆高的淡淡沐浴香。

パウダリーな香り
爽身沐浴香

ミルクローズの香り
玫瑰沐浴香

Bub

バブ メディキュア
極み薬湯

🏠 花王

¥ 300mL 990円

💧 乳白色

添加洋甘菊萃取物、米胚芽油以及多種保濕潤澤成分的藥湯入浴劑。特別推薦手腳或背部肌膚乾燥的人用來強化保養，甚至是濕疹引起的搔癢問題也很適合用來泡萊湯舒緩不適。（医薬部外品）

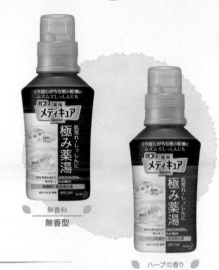

無香料
無香型

ハーブの香り
草本清香

Bub

バブ MONSTER BUBBLE

🏠 花王

¥ 70g×6錠 990円

疫情期間成功打進年輕世代，短短半年就熱銷700萬顆，成為新一代人氣碳酸泡入浴錠。除原有的三款類型之外，在2023年春季則是趁勢推出春夏也能在家享受泡澡樂趣的海灘祭典風版本。在包裝設計方面，更是完全跳脫傳統風格，充滿年輕人喜愛的活潑躍動感。（医薬部外品）

ゆるんとジャグジー気分
耍廢按摩浴

♨ 草本檸檬香　💧 沁藍色

NIGHTモード
夜色MODE

♨ 木調薫衣草　💧 乳紫色

スッキリFREE
爽快FREE

かるやかDAYS
輕快DAYS

♨ 草本柑橘香　💧 透明黃

♨ 醒腦柑橘香　💧 透明紅

洗潤護髮

ines

🏠 花王

其實頭皮是臉部肌膚的延伸，而花王旗下的ines便是以保養肌膚的概念推出居家頭皮SPA保養系列。主要訴求是透過潔淨、柔化與滋潤三個步驟，為頭皮打造健康循環。（医薬部外品）

ハーバル ジェル クレンズ
草本頭皮潔淨凝露

質地滑順的潔淨凝露可直接去除頭皮上的汗水與多餘皮脂，搭配甘草酸鉀安撫頭皮狀態。利用天竺葵與薰衣草精油所調合的香氛，更有舒緩身心的效果。

250mL 3,300円

タラソ スパ クリーム
海泥頭皮SPA霜

天然海泥搭配保濕成分，可透過按摩的方式來滋潤乾燥的頭皮，同時讓頭皮更加放鬆與柔軟。在香氛方面，則是利用檀香與茉莉花精油，調合出神祕的東方香調。

230g 3,300円

アクア チャージ ムース
碳酸泡頭皮保濕美容液

添加多種保濕美肌成分，可在細微的碳酸泡幫助下滲透頭皮，讓處於乾燥狀態的頭皮更顯滋潤與柔軟。香氛和海泥頭皮SPA霜一樣由檀香與茉莉花精油所調合。

150g 3,850円

LISSAGE VOGNE

🏠 カネボウ化粧品

運用LISSAGE超過30年的膠原蛋白研究成果，將頭皮與髮絲當成臉部肌膚保養的洗護潤系列。最大的特色，就是將頭皮及髮質各分為三個類型，最多可搭配出24種不同的組合，讓每個人都能客製化自己的專屬組合。

步驟1
潔淨

ヘアメインテナンスシャンプー
頭皮毛髮潔淨露

共通成分為水解膠原蛋白、琥珀酸以及桉樹精華，能洗去造成髮絲僵硬的鈣質，同時淨化頭皮上的多餘皮脂。

400mL　2,200円

■ O　油性頭皮用　■ N　一般頭皮用　■ D　乾燥頭皮用

步驟2
放鬆

エッセンスリード
髮絲誘導精華液

在洗淨頭皮與髮絲之後使用, 能幫助髮絲由內向外變得柔軟滑順.使用後不須用水沖淨, 直接進入步驟3。

220g　2,420円

步驟3
修復

ヘアメインテナンストリートメント
毛髮修復乳

能夠滲透並修復因受損而顯空洞的髮絲內部, 讓秀髮變得光澤有韌性。

240g　2,200円

■ H　硬粗髮質用　■ N　一般髮質用　■ S　軟細髮質用

BLACK WOLF

🏠 大正製薬

許多男性在選擇洗潤產品時，通常將重點放在優秀的清潔力。然而，過強的皮脂汙垢清潔效果，卻可能會造成頭皮過乾而顯得不健康，進而讓髮絲喪失彈力與韌性。因此大正製藥從男性頭皮保濕的觀點，推出同時兼具潔淨力與頭皮保養效果的BLACK WOLF豐盈系列，讓男性在確實潔淨頭髮與頭皮的同時，也能增強髮絲的韌性與彈力，並讓現有的黑髮更顯烏黑有光澤。如此一來搭配造型品才能打造出更立體且有精神的髮型。

ボリュームアップ
スカルプ シャンプー
豐盈洗髮精

380mL　1,980円

ボリュームアップ
スカルプ
コンディショナー
豐盈護髮乳

380mL　1,980円

スカルプ
エッセンス
頭皮養護精華

50mL　4,378円

COCONSUPER

AIRY BLOOM

🏠 クラシエ

¥			
インナーコンフォートシャンプー	(洗)	500mL	1,650円
インテンシブリペアトリートメント	(潤)	500g	1,650円

集結40年髮質研究結果，主打提升髮絲滑順閃亮感，同時強化頭皮健康度的洗潤系列。採用黃金蠶絲萃取物，從內集中修復空洞化的髮絲，搭配黑白雙重珍珠萃取物，由外修復受損的毛鱗片，藉此提升髮絲整體的絲滑觸感。

DEOCO.

スカルプケア

🏠 ロート製薬

¥			
シャンプー	(洗)	350mL	1,540円
コンディショナー	(潤)	350g	1,540円

聚焦頭皮特有的皮脂氣味，主打能夠潔淨頭皮異味，讓髮絲清爽滑順的抑味洗潤組。添加能夠吸附髒汗與異味的白泥，確實潔淨頭皮上的皮脂與髒汗。添加獨特的持香型香料，能讓髮絲持續散發甘甜香味一整天。

柔順型　　　　　蓬鬆量感型
まとまり仕上げ　　ふんわり仕上げ

Prédia

ファンゴ ヘッドクレンズ SPA+

🏠 コーセー

¥ 500g 3,850円

只要一罐，就能兼具頭皮護理、洗髮以及護髮的多機能SPA霜。添加大然海泥的無泡沫SPA霜，能夠徹底潔淨頭皮毛孔髒汙。同時間，保濕成分與毛髮修護成分，也能讓頭皮更健康、髮絲更加有韌性與光澤。使用起來帶有舒服的涼感，無論男女都適合每週用來保養頭皮與秀髮1~2次。

Blaune Rerise

白髮用髮色サーバー リ・ブラック

🏠 花王

¥ 155g 2,970円

從貓豆萃取天然染髮成分，完全沒有刺鼻味且不傷髮質的髮色復黑菁華乳。一開始每週需要使用二次，均勻塗在髮絲上停留約5分鐘，再接著用水沖淨，就可簡單將斑白的頭髮自然染黑。之後，每週只須使用一次補染新長出來的白髮即可。都適合每週用來保養頭皮與秀髮1~2次。

提升頭皮健康度
在家也能享受SPA頭皮按摩
IESPA頭皮SPA按摩組

長度超過40公分，上頭還有近50個軟硬適中的突起部分的矽膠頭皮按摩帶，在日本唐吉訶德一上架，就引發一股熱賣潮。只靠自己的雙手移動，就能刺激頭皮或耳周的穴道，不只能在工作休息時用來放鬆身心，更能舒緩僵硬的頭部肌肉，藉此提升頭皮與頭髮的健康狀態。也很建議在洗頭之前，搭配專用的頭皮按摩精華，為頭皮進行深度清潔與保養。

IESPA

カクタスバンド

🏠 SUNSMILE

¥ 3,080円

頭皮穴道按摩帶

IESPA

スカルプマッサージセラム

🏠 SUNSMILE

¥ 200mL 2,200円

頭皮按摩專用潔淨精華

Liese泡カラー
莉婕泡泡染髮劑

調色概念來自美髮沙龍
甜美冷酷隨心切換色調
高黏度濃密泡沫的全面包覆均勻染色

莉婕泡泡染髮劑在日本年輕女性之間，可說是討論聲量極高的染髮劑。開發靈感來自日本美髮沙龍，根據東方人的髮質特色，採用沙龍級調色設計，簡單步驟自由變換出具有清透感的時尚髮色。全系列色號多達22種，不管任何人都能找到自己命定的髮色。

莉婕泡泡染髮劑最大的特色，就是研發概念來自奶泡的豐厚綿密雲朵泡泡。獨特的多層質地泡泡，剛使用時相當輕軟，因此可以輕鬆包覆髮際線與髮根在內的所有髮絲。隨著雙手揉合的動作，泡泡會變化成略帶硬度的高黏度泡沫，並牢牢附著於髮絲不會隨意滴流。不易染壞，就算是染髮初心者也能簡單安全的玩弄髮色。

日本人氣色Top 3

2022～2023年間，全22色中廣受日本年輕女性青睞的前三大人氣色。

ミルクティブラウン
奶茶棕

ロイヤルブラウン
栗子棕

ブリティッシュアッシュ
薄荷亞麻灰

松本清限定色

日本國內限定，只能在松本清及同集團的可開嘉來（ココカラファイン）才能找到的3款限定色。

アンティークブラウン
古典棕

ルーセントピンク
透亮暱

フォギーブラウン
迷霧棕

萬年不敗色

無論是想遮飾白髮，或是開學、就職面試前需要打造低調髮色，絕對都需要這兩種色號支援。

髮色戻し（黒）
自然黑

髮色戻し（茶）
自然棕

Liese 泡カラー

🏠 花王

💴 1組　836円
（1液34mL＋2液66mL
＋沖洗式護髮乳8g）

ケープCAPE
日本No.1造型噴霧品牌
類型選擇眾多,滿足各種髮型或造型需求

固定輕柔空氣髮型專用

3Dエクストラキープ

 花王

¥ 50g 319円 / 180g 559円
300g 677円

推薦用來固定具有蓬鬆感的捲髮!不會讓頭髮整片黏住,而是能在打造空氣輕盈感的同時,讓髮絲一整天強力維持立體感與蓬鬆感而不亂。即使是空氣潮濕,髮型也能保持完美!

使用訣竅

與頭髮距離約20公分,以畫圓的方式噴上造型噴霧即可!髮尾部分則是在噴完噴霧後,用手掌輕捧定型。

無論是盤起紮好或是服貼的髮型都不會亂!
長時間強力定型的實力派

スーパーハード

 花王

¥ 50g 319円 / 180g 559円
300g 677円

適合拿來固定平面狀髮型的定型噴霧。無論盤髮或是往上紮的包子頭,都能夠維持完美無瑕的狀態!即便是風大的日子,頭髮也能乖乖服貼不亂飄、不亂翹!

使用訣竅

用扁梳將頭髮梳整齊後,再以畫圓的方式噴上造型噴霧,想讓頭髮整齊服貼不亂翹,用藍罐CAPE就對了!

CAPE史上最強的持久力*!
「*FOR ACTIVE系列中」
打造不動瀏海就靠它
充滿話題性的黑罐CAPE

FOR ACTIVE

花王

¥ 50g 390円 / 180g 627円
300g 1078円

使用後不會過度僵硬,卻能發揮品牌史上最強造型維持力的黑罐CAPE*!有了這罐,就能讓瀏海乖乖聽話不亂動!最適合住戶外活動,或是想維持髮型一整天時使用。「*FOR ACTIVE系列中」

使用訣竅

想打造瀏海毛束感時,先將造型噴霧噴在手指上,再用手指從髮根輕輕抓起頭髮加以定型即可!若想讓瀏海變得立體,則是先從內側的髮根噴上造型噴霧,接著在外側也噴上兩下。

美妝雜貨

バングスキープフィクサー

🏠 カネボウ化粧品

¥ 15g 1,078円

近期許多日本年輕女性全靠這支打理比生命還重要的瀏海！像睫毛膏刷頭般的設計，只要一刷就能輕鬆打造出瀏海的毛束感與光澤感。體積小易攜帶，方便隨時使用，再也不怕瀏海在出門沒多久後就不聽話了。

MegRhythm

めぐりズム
蒸気でホットアイマスク

🏠 花王

¥ 5片 522円

打開包裝後，就能為眼部進行約40℃持續20分鐘的蒸氣浴。這款蟬聯數年訪日必買的蒸氣眼罩在2022年的大改版後，眼罩本身變得更厚實、蓬鬆且更服貼於眼部線條，接觸面積增加許多，因此溫熱放鬆感明顯更加提升。

無香料
無香型

ラベンダーの香り
薰衣草香

ローズの香り
玫瑰花香

カモミールの香り
洋甘菊香

完熟ゆずの香り
柚子果香

森林浴の香り
森林浴香

MegRhythm

めぐりズム
蒸気でグッドナイト

🏠 花王

¥ 5片　550円

打開包裝後，可以直接貼在後頸部，就像用
熱毛巾熱敷一般發揮放鬆效果的蒸氣貼。舒
服的40℃溫熱感，可持續約30分鐘，特別適
合睡前保養、做伸展操或是看書時用來舒緩
僵硬的肩頸與疲累一天的身心。

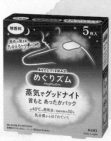

ラベンダーの香り
薰衣草香

無香料

無香型

NIGHTMIN

ナイトミン
耳ほぐタイム

🏠 小林製藥

¥ 耳塞一對(2入)＋10個發熱膠囊　635円

開發靈感來自於舒緩身心的耳燭，能令人感
到放鬆的助眠耳塞。平時可作為一般耳塞，
用來阻隔外界干擾睡眠的雜音。將發熱膠囊
放入與耳塞一體成形的閘槽當中，就能體驗
40℃舒緩溫感約20分鐘，透過這種溫熱自律
神經的方式，讓身心放鬆進入眠。

KINKAN

冷感綿棒

🏠 金冠堂

¥ 30支　198円

止癢液老廠金冠堂所推出的超涼感棉花棒。
添加多種保濕成分，讓外耳道不會因為酒精
蒸發後而顯得乾燥。使用起來帶有相當舒服
的清涼感，很適合在洗完澡或戴完耳機後用
來冰鎮舒緩一下耳朵。

小林製藥

1滴消臭元

🏠 小林製藥

¥ 20mL　350円

上廁所前後，滴入1～2滴於馬桶水中，就
能迅速消除如廁過程中所產生的氣味。許
多日本人都將其視為如廁禮貌小物，隨身
準備一瓶，就不怕上廁所後的氣味帶來不
必要的尷尬。

ウォータリーグリーン
の香り
清新草本香

スウィートローズ
の香り
輕甜玫瑰香

CHAPTER

7

口袋伴手禮特輯

阪神梅田總店

選擇多到眼花繚亂的
美食之都大阪的伴手禮天堂

來到日本旅遊，除了人人必掃的藥妝與超商零食之外，百貨公司的甜點區以及伴手禮賣場，更是不容錯過的血拚熱點。一直以來，大阪都是華人最喜愛的日本旅遊都市之一。在江戶時代被稱為「天下廚房」的大阪，其實也是日本最具代表性的美食之都。

在極度重視食物美味度與精緻度的文化背景下，大阪的百貨公司也發展出一套有別於日本其他地區的甜點文化。這回日本藥粧研究室就前往大阪梅田，深入探索人稱伴手禮天堂的阪神梅田總店，仔細品味滿足大阪人味蕾的甜點美食！

位於大阪梅田精華地帶，與阪神電車車站共構的阪神梅田總店，是1933年開幕，迄今歷史已超過90年的百貨公司。全館共11層，占地約53,000㎡的阪神梅田總店，對於許多大阪人而言，堪稱是美食之都的美味殿堂。在歷經大約7年半的全樓層裝修工程後，於2022年4月以煥然一新的姿態，將「打造幸福每一天」為號召，集結眾多符合現代人生活型態以及當今潮流的品牌。

阪神梅田總店最具特色之處，便是食品相關的樓層相當多。不只是傳統認知中的百貨地下樓層，就連作為門面的一樓也並非設置化妝保養品專櫃，而是準備琳瑯滿目的美食與伴手禮。喜歡甜點以及日本各地伴手禮的人，一定要記得將阪神梅田總店列入必訪清單。

B1 和洋菓子世界

百貨公司最不可或缺的地下伴手禮樓層。在這裡，可以找到眾多人氣排隊伴手禮，甚至有不少店家選擇阪神梅田總店作為唯一的據點。無論是日式或洋式，每個專櫃不僅有經典熱賣款，也會根據不同季節或節慶，推出不同主題的限定款。

不只是伴手禮，這裡還有許多大阪及關西地區知名的日式甜點與西式蛋糕名店。對於喜歡甜食的螞蟻人來說，相當適合每天來挑選不同的甜點回飯店房間享用。

回國必備好物,
阪神梅田總店 8 款人氣伴手禮,
親朋好友的貼心禮物選擇!

FRÛITERIER KANON
スティックフィナンシェ

¥ 5條 1,944円 / 9條 3,348円

口感類似蜂蜜蛋糕,但質地相對濕潤的法式費南雪。FRÛITERIER KANON本身就是堅持採用新鮮水果,製作各種復古可愛風產品的甜點店,因此融合甘王草莓、清水白桃、白葡萄等多種日本當地素材,開發出口味香甜又獨特的水果口味費南雪。

LAPOPPO
おいもパウンドケーキ缶

¥ 3個 2,530円

地瓜甜點專家Lapoppo農場與大阪天滿橋傳統麵包店COBATOPAN所聯名推出的磅蛋糕。可愛的鐵盒當中,裝有巧克力香蕉、鹹奶油紅豆餡以及覆盆子花生醬等三種口味的磅蛋糕。獨特之處在於融合Lapoppo農場最拿手的地瓜,是喜愛地瓜的甜點控所不能錯過的逸品。

鶴屋八幡
百楽

¥ 5個 1,080円

來自大阪當地歷史超過160年的日式甜點老店,精選日本國產大納言紅豆所製成的最中餅。帶有米香的鬆脆最中當中,夾著甜度適中的紅豆餡,是日式甜點愛好者眼中的傳統精品。一盒當中裝有2個紅豆泥款以及3個紅豆粒款。

坂角総本舗
ゆかり 詰合せ箱

¥ 1,383円

出自創業超過130年的老店傳統技法,耗費7天慢慢乾燥,讓素材原有的鮮味發揮到極致的蝦仙貝。每1片當中大約7成是由天然鮮蝦所製成,低脂低熱量還富含鈣質,屬於相當健康的傳統零嘴。阪神梅田總店限定款的內袋上,還印有象徵企業特色的老虎圖樣。

あみだ池大黒

大阪花ラング

¥ 6個　972円

將蛋白霜及發酵奶油製成的薄脆貓舌餅，製作成可愛的花朵形狀，再搭配入口即化的鮮奶油，是近期人氣度極高的排隊伴手禮。原料中還包含3種不同的蜂蜜，帶有層次的甘甜味，讓許多人吃過之後都會久久難以忘懷。

HONMIDO

本実堂サンド

¥ 8個　1,801円

發源自銀座的本實堂夾心餅，是近期內日本相當搶手的排隊伴手禮之一。薄脆的貓舌餅當中，夾著宛如淡雪般鬆軟且入口即化的蛋白霜。一盒當中包含4個散發出和三盆糖淡雅甜味的原味，以及4個帶有優雅茶香味的抹茶口味。

Sabléya

幸せの鳥

¥ 15個　1,512円

以幸福之鳥為主題的法式奶油烤餅。優雅的白色基底鐵盒中，裝有15片形狀為小鳥、花朵以及雲朵的餅乾。口味包括微焦奶油、抹茶以及覆盆子等多種風味。相當適合搭配紅茶或咖啡，來一場簡單卻優雅的下午茶。

Mon Loire

リーフメモリーギフトボックス

¥ 27個　1,620円

神戶名店的長銷經典樹葉巧克力。每一小包當中，都含有3種不同口味的濃郁巧克力。綠色為抹茶、牛奶、黑巧；橘色為牛奶、白巧、摩卡；桃色為蔓越莓、焦糖、牛奶。非常適合作為辦公室發送用的伴手禮。

8 款人氣甜點, 一天旅遊後的享樂時光!

Morozoff

カスタードプリン

¥ 1個170g 357円

在日長銷超過50年的卡士達布丁。採用耗時蒸熟的方式製作, 利用雞蛋自然凝固的力量, 打造出獨特的滑嫩口感。微苦的焦糖醬與甜味溫和的布丁彼此交融, 給人一種平衡絕妙的美味感。

菓心 小望月

香煎団子

¥ 1盒(1組5串×4組, 共20串) 795円

日本傳統和菓子專門店所推出的香煎丸子串。散發出溫和米香的Q彈麻糬裹著一層濃郁的黑糖蜜, 最後再灑上香氣撲鼻的黃豆粉, 對於許多喜愛和菓子的人來說, 是一款質地純樸卻能一解鄉愁的日本傳統甜點。

養老軒

まっちゃり・かぷちーの大福

¥ 1個 260円

來自日本岐阜縣, 招牌商品為大福的日式和菓子名店。抹茶大福的外皮裹滿香氣逼人的擷斐抹茶粉, 內餡則是拌入紅豆粒餡的鮮奶油。卡布奇諾大福的外皮散發出迷人的咖啡香, 內餡拌入杏仁巧克力與咖啡凍。無論哪一種, 都是極具特色且值得一試的大福。

鼓月

あんカステラ

¥ 1個 594円

京都和菓子老店鼓月所推出的人氣和風甜點。說到鼓月, 許多人都吃過香草奶油夾心餅乾「千壽仙貝」。這款系出同門的蜂蜜蛋糕中間, 夾著扎實的紅豆粒餡, 這種清甜不膩的口感, 很容易令人一口接著一口難以放手。

（ 福壽堂秀信 ）

ふくふくふ 珈琲

¥ 1個　270円

嚴選素材搭配70年技法所製作而成，吃起來帶有濕潤口感的蒸蛋糕。最獨特的地方，在於看不見內餡，也能清楚聞到內餡的香氣。人氣品項咖啡口味，更是與大阪咖啡名店「丸福咖啡店」聯名合作。喜愛咖啡口味的甜點迷，可千萬不要錯過了！

（ petit nuage ）

ダックワーズ

¥ 10個　2,612円

起源於法國，採用大量蛋白霜、杏仁粉與糖粉所製成的達克瓦茲杏仁蛋白餅。在經過高溫烘烤之後，外層的糖粒會呈現酥脆口感，內層則是相當蓬鬆輕盈。獨家調製的杏仁奶油，吃起來甜而不膩且帶有迷人的堅果香。

（ Königs-Krone ）

はちみつアルテナ ダブルチョコ

¥ 1個（直徑14cm）　1,620円

來自神戶甜點名店的蜂蜜巧克力蛋糕。巧克力口味的糕體當中，夾著燉煮到入口即化的大顆栗子，最外層還裹著一層巧克力醬。獨特的口感加上原創的口味，是來到關西地區絕對要品嚐的人氣甜點。

（ LA SOEUR ）

カヌレ

¥ 6個　2,339円

來自福岡的高級可麗露專門店，搭配各種日本素材，打造出色彩豐富且口感絕妙的可麗露。一盒6顆當中，除原味之外還有巧克力、知覽綠茶、伯爵茶、甘王草莓以及藍莓等多種口味。

1F 食祭陽台

大多數百貨公司的一樓，都是聚滿各大精品與美妝保養品的激戰區。阪神梅田總店卻是逆向操作，以食祭陽台之名，打造出一個日本各地美食齊聚的活動展場。由於出展專櫃會隨活動主題不斷更換，所以每次來都能發現新的美食。對於喜歡追求新鮮感的人而言，是個值得一再前來挖寶的美食聖地。

1F 零食抽屜

在食祭陽台的另一端，還有一個主題性非常有趣的「零食抽屜」，宛如裝滿各式零食的抽屜一般，給人滿滿的驚喜感。這裡最大的特色，就是以分區的方式，收集來自日本各地的「當地人氣零食」。只要來晃一圈，就像是瞬間逛遍日本各地的物產店一般，能夠簡單挑選極具地方物產特色的零嘴。

獨特風味!
打開零食抽屜的四大特色選擇

⟨⟨ chez Shibata ⟩⟩

プレシャス8種

¥ 140g 2,376円

甜點主廚前往法國修習數年,將法國傳統甜點技法,融合日本當地素材與味覺後所誕生的下午茶餅乾盒。內含6種香氣濃郁的奶油餅乾與2種入口即化的蛋白甜餅。鐵盒設計與內容配色都相當優雅豐富,非常適合作為下午茶的主角。

⟨⟨ 亀屋良長 ⟩⟩

スライスようかん　小倉バター

¥ 2枚　540円

放在吐司上,再放入烤箱中加熱,就能簡單完成紅豆奶油吐司的薄片狀羊羹。丹波大納言紅豆搭配沖繩海鹽奶油,巧妙融合出甜而不膩的誘人口感。無論是早餐或下午茶,只要幾分鐘的時間,就能親子完成媲美喫茶店的紅豆奶油吐司。

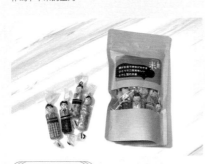

⟨⟨ Yaji ⟩⟩

こけしあられ

¥ 14支　378円

將豆菓子和仙貝包裝成木芥子人偶的日式傳統米菓。微鹹帶甜的豆菓子,搭配醬油口味的脆硬仙貝,是許多日本人都吃過的小零嘴。搭配一杯熱呼呼的綠茶,便是完美的日式下午茶。

⟨⟨ 河道屋 ⟩⟩

蕎麦ぼうる つぼみ

¥ 140g　731円

採用日本國產麵粉與蕎麥粉,搭配家傳祕法所完成的日式烤餅乾。帶有淡雅蕎麥香的微甜口感,無論是搭配日式綠茶、西式紅茶或咖啡都相當合適。口味相當簡單樸實,卻令人不禁一口接著一口。

※以上為2023年12月採訪時的相關資訊。

國家圖書館出版品預行編目資料

走!開買啦!日本藥妝店閃購攻略　／鄭世彬著.
――初版――新北市：晶冠出版有限公司，2024.01
面；公分．――（好好玩；18）

ISBN 978-626-97254-5-8（平裝）

1.CST 化粧品業　2.CST 美容業　3.CST 購物指南　4.CST 日本

489.12　　　　　　　　　　　　　　112021679

好好玩　18

日本藥妝美研購8
走！開買啦！日本藥妝店閃購攻略

作　　　者	鄭世彬//日本藥粧研究室
行政總編	方柏霖
副總編輯	林美玲
彩妝顧問	黑澤幸子、藤島由希、柿崎佐和香、花形あゆみ
校　　對	鄭世彬、林建志//日本藥粧研究室、王逸琦
美術設計	黃木瑩
攝　　影	林建志//日本藥粧研究室
出版發行	晶冠出版有限公司
電　　話	02-7731-5558
E-mail	ace.reading@gmail.com
部落格	http://acereading.pixnet.net/blog
總代理	旭昇圖書有限公司
電　　話	02-2245-1480（代表號）
傳　　真	02-2245-1479
郵政劃撥	12935041 旭昇圖書有限公司
地　　址	新北市中和區中山路二段352號2樓
E-mail	s1686688@ms31.hinet.net
印　　製	大鑫印刷廠有限公司
定　　價	NT$ 399元
出版日期	2024年01月　初版一刷
ISBN-13	978-626-97254-5-8

版權所有‧翻印必究
本書如有破損或裝訂錯誤，請寄回本公司更換，謝謝。
Printed in Taiwan

日本お問い合わせ窓口
株式会社ツインプラネット
担当：芦沢
Mail：takehito.ashizawa@twinplanet.co.jp